마음의 고향...

한옥마을

마음의 고향...

한옥마을

초판 발행 2010년 10월 01일
4 판 발행 2015년 09월 01일

글 신광철
사진 이규열 **보조촬영** 박종도

발행인 이인구
편집인 손정미
디자인 최혜진
도면 김국환

출력 삼보프린팅
종이 영은페이퍼
인쇄 영프린팅
제본 신안제책사

펴낸곳 한문화사
주소 경기도 고양시 일산서구 강선로 9, 1906-2502
전화 070-8269-0860
팩스 031-913-0867
전자우편 hanok21@naver.com
등록번호 제410-2010-000002호

ISBN 978-89-963836-5-9 04540
ISBN 978-89-963836-4-2 |세트|

가격 34,500원

한옥
마을

마음의 고향...

글 신광철 | 사진 이규열

한문화사

한국인을 닮은 미학과 철학이 고스란히 담긴 한옥,

한옥마을

머무르지 못하는 유목에서는 바람의 냄새가 진하게 난다. 정착을 그리워하지만, 유목민에게는 꿈이었다. 사람이 가진 모든 살림과 사랑마저도 등짐으로 지고 이동해야만 했다. 사람이 농사를 짓고 정착하기 시작하면서 많은 것이 달라졌다. 안정과 평화, 그리고 정주의 상징물인 항아리로 가득한 장독대도 마련되었다. 오래오래 발효되어야 깊은맛을 내는 장맛처럼 사람도 삶의 역사가 길고 깊어짐에 따라 나눔과 온기를 갖게 되었다. 바로 한옥마을이다. 우리 한옥마을의 장독대엔 여전히 장맛이 들어가고 구들장엔 장작을 땐 온기가 아직 그대로다.

사람 사는 마을에는 사람을 닮고, 산을 닮고, 바람을 닮은 집이 지어졌다. 한옥이다. 한옥은 독특한 내면과 개성을 가지고 있다. 유목하면서 정착을 그리워했듯, 사람은 머무르면서 유목을 그리워하고 있다. 그래서 우리의 집, 한옥은 자연을 받아들였다. 한옥에 자연주의가 자리 잡은 것은 조선 후기이지만, 애초 민족성에는 자연의 바람이 들어 있었다. 우리 한옥이 아름다운 것은 이런 자연성을 받아들이는 방법의 독특함에 있다.

배흘림기둥은 동양이나 서양에서 모두 사용하는 건축기법이지만, 우리 한옥에는 자연성을 확대하는 요소가 더 들어 있다. 자연을 그대로 받아들이는 천연덕스러움이다. 돌의 자연 모습을 그대로 받아들여 체화하는 그렝이기법이나 기둥을 받치는 초석으로 자연석을 그대로 사용하는 덤벙주초가 그러한 것이다. 하지만, 때로는 부분적으로 질서를 파괴하여 더 큰 자연과의 화합을 이루려는 기질은 다른 어느 나라에서도 보기 어려운 성정이다. 모두 잘 다듬어진 기둥을 세우다가 어느 하나는 나무가 생긴 모습 그대로 세워 놓는 능청스러움도 보이는데 이것은 도랑주이다. 도랑주의 특성은 다른 어느 나라에서도 찾아보기 어려운 것으로 인위 속에 무위를 천진스럽게 도입하고 있다. 작위만으로 이루어진 건축물의 질서에 무작위의 자연성을 끌어들여 우리

의 삶이 자연의 한 부분임을 깨우쳐 주기라도 하는 듯하다.

앙곡, 안허리곡, 귀솟음, 안쏠림과 같이 자연주의에 적응하려는 한옥의 기법들은 우리의 마음과 닮은 데가 많다. 우리의 뿌리가 유목민족 이어서일까, 아니면 북방을 달리던 기마민족의 피를 이어받아서일까. 그 근원은 알 수 없으나, 한옥이 우리의 마음속에 크게 자리 잡고 있음을 분명하다. 인위적인 것에도 자연을 들이는 큰 철학이 담겨 있다. 한국인은 미학을 다루는 솜씨가 여간 깊은 것이 아니다. 한국미의 특징은 단순미와 자연을 받아들이는 특별한 성정에 있다. 겉으로 드러내지 않고 시선 안쪽의 심연을 에돌려 보여주는 탁월한 자연주의 기질이다. 언뜻 보면 스쳐 지나갈 수도 있지만, 깊이 들여다보면 심오한 철학과 미학이 숨겨져 있음을 알게 된다.

한옥이 모여 있는 한옥마을. 그곳에는 북방의 웅혼함을 지닌 조선의 마음과 조선의 산하를 닮은 집들이 있었고 사람이 살고 있었다. 이 땅에 한옥이 지어지고 세월의 무게에 짓눌려 무너지고 다시 지어졌다. 지금까지 남은 한옥과 새로 지어진 한옥들이 있는 마을을 찾아다녔다. 우리의 선조는 머무르지 못하고 떠났지만, 집들은 장독대를 품은 채 그대로 머물러 있었다. 역사와 애환, 노동이 함께하는 사람 사는 곳에는 정주의 안락으로 방향을 튼 한옥마을이 있었다. 마을의 집들을 취재하는 동안 더 없이 행복했고, 마을 사람들을 만나면서 사람이 더욱 좋아졌다. 가파른 세상보다 자연을 더 닮은 사람들이었다. 추상같은 선비정신은 누그러졌고 집은 퇴락해 가고 있었지만 반가웠다. 우리를 가장 닮은 한옥을 다시 보고, 한옥이 모여 있어 또 다른 풍경을 만들어 주는 한옥마을의 속내를 속속들이 들여다보는 계기가 되었다. 한민족의 호흡을 닮은 한옥과 한옥마을, 그리고 한국의 산하는 모두 다 아름다웠다.

파주 통일동산에서 신광철

마음의 고향...

한옥마을

차 례

| 한옥, 한옥마을에 대하여 |

| 현대 한옥마을 |

| 전통 한옥마을 |

전통과 자연이 함께하는

한옥, 한옥마을에 대하여

한국문화에 관심을 갖고 살아오면서 나름대로 한국인 심성의 발원지에 대한 의문을 던져보곤 했다. 한국인이 냄비라고 일컫게 하는 '빨리빨리'의 조급성과 그 반대되는 품성, 느긋함의 근원인 은근과 끈기의 근원을 알고 싶었다. 두 성격은 전혀 다른 면을 가지고 있다. 서두름과 느긋함, 반대되는 이 두 성격이 어떻게 한민족의 마음에 자리 잡게 되었을까. 늘 의아했다. 근원지 없이 출발하는 것은 없다. 한강 물이 아주 작은 시냇물로부터 시작해 한강을 이루는 이치와 다르지 않다. 한강의 발원지는 검룡소다.

검룡소의 근원을 이루는 물은 금대봉 기슭에 있는 제당굼샘과 고목나무샘, 물골의 물구녕, 석간수와 예터굼에서 솟아난 물이다. 토속적이면서 존재의 시원함이 느껴지는 이름들이다. 이름에서도 신비성이 감돈다. 이 물이 지하로 스며들어 다시 솟아나는 곳이 검룡소이다. 샘물 몇 개가 모여 출발한 물이 한강의 근원이 되고 있다. 우리 의식의 발원지도 분명히 있을 것이다. 조급성은 농사를 짓는 것에서 시작되었다는 것이 일반적이다. 부지런함도 마찬가지로 농사에서 비롯되었다고 하는 것이 지배적이다. 사계절이 뚜렷해 파종시기와 추수기를 지켜야 하고 가뭄, 태풍, 혹서와 냉해 등 잠시라도 방심했다가는 한 해 농사를 망칠 수 있다는 긴장감이 늘 따라다녀서라고 한다. 그러면 느긋함의 근원은 어디인가. 불교와 도교적인 영향이 강하지 않은가 싶다.

우리 의식의 발원지에서 흘러온 의식의 흐름은 우리가 살아가는 환경을 만들고 있는 것이다. 그 의식의 흐름이 우리의 문화고 사상이고 정체성이다. 한 사람의 생각이 모여 사회의 규범이 되고 정체성이 되고 사회성이 된다. 사회의 구체적인 단위가 마을이다. 마을의 주체는 사람이고, 그 사람이 머무는 곳은 집이다. 사람이 정주를 시작하면서 제일 먼저 한 것은 머물 수 있는 공간을 확보하는 일이었다. 머물고 생활할 수 있는 공간으로서의 집, 한옥마을은 삶의 목적을 실현하기 위한 공간으로서 집이 모여 있는 마을이다. 현재 남아 있는 한옥마을은 조선시대 양반가로 이루어진 마을이나 변화의 물결이 잠시 돌아간 산간벽지나 오지가 주축을 이루고 있다.

한국의 집은 두 개의 얼굴을 가지고 있다. 한옥이란 우리 국토에 지어진 모든 집을 말하지만, 한국적인 얼굴과 마음을 가진 집이기도 하다. 우리는 한국 집만이 가진 특색을 구체적으로 구분하여 학문적인 정립을 한 적이 거의 없었다. 이제 겨우 한옥에 대한 관심과 정의를 내리기 시작하고 있다. 우리가 가지고 살았던 의식과 사상을 스스로 버리고 남의 옷을 입다 보니 우리 몸에는 우리 옷이 편하고 자연스러운 것임을 알게 되었다. 또한, 치밀한 계산 아래 만들어진 높은 경지의 과학과 실용성을 가진 것이 한옥이라는 것도 알게 되었다. 우리만이 가진 특성이면서 세계적인 어떤 건축물에 비해서도 뒤지지 않고 오히려 우수한 면을 가지고 있음을 깨닫게 되었다.

한옥은 우리의 심성 속에 바람처럼 물처럼 흘러가는 특성이 담겨 있는 공간이다. 그 특성 중에는 서두름과 느긋함도 포함되어 있다. 그 발원지는 정확히 알 수 없으나 자연주의가 뿌리 깊게 곳곳에 침투되어 있음을 알게 된다. 그러한 특성들이 한국인의 내면에 스며들어 있고, 그러한 요소들을 건축물에 담아낸 것이 바로 한옥이다. 뒤집어 이야기하면 건축양식에 나타난 특질들을 역추적하여 우리 마음에 바탕을 이루고 있는 것이 무엇인가를 알 수 있다.

우리의 의식과 사상이 끊이지 않고 이어 온 사유의 세계가 응축되고 구체적 발현 장소가 한옥마을이다. 한옥마을을 찾고 직접 체험해 보는 것은 진정 중요하고 한민족 심성의 근원을 탐색하는 작업이기도 하다. 한옥마을을 이루는 요소는 사람이고 사람이 이룩해 놓은 건축물은 집이다. 지금부터 그 집을 찾아가는 흐뭇한 여정이 시작된다.

순천 낙안읍성. 초가와 서민들의 살아가는 모습이 잘 보존된 마을이다.

왼쪽 위_ 봉화 닭실마을. 넓은 들판을 끼고 자리한 봉화 닭실마을은 권벌의 종택이 있으며 제사 때 한과를 만드는 전통이 500여 년 동안 이어져 내려온 한과로도 유명한 마을이다.
왼쪽 아래_ 안동 하회마을. 낙동강 상류가 휘돌아 감아 흐르는 마을로 대표적인 한국의 전통마을이다.

한국의 집은 다른 나라와 분명한 변별성을 갖고 있다. 우리의 집이 가진 장점과 단점이 다 같이 환경적인 특성과 그곳에 사는 사람의 심성에서 나온 것임은 부인할 수 없다. 한국의 집이 가진 특별함은 파괴와 받아들임의 이중주였다. 우리의 심성이 상반된 서두름과 느긋함이었듯이 우리의 집이 가진 특별함은 위대한 파괴였고, 그 파괴는 받아들임의 미학을 모태로 한 자연과의 친화로 가는 위대한 전환이었다. 부수어 버리는 파괴성과 받아들이는 순응의 합주가 한국의 집을 만들어 내는 뿌리였고 줄기이기도 했다. 그 발원지는 한국인의 심성에서 나왔다고 할 수밖에 없다.

기존의 질서를 허무는 작업은 더 큰 원리를 터득했기에 가능한 일이었다. 중국의 건축물은 인위의 절대성과 규모의 확장으로 한몫하지만, 창조적 파괴의 또 다른 중심, 한국의 건축물인 한옥에는 우주의 마음을 들여 놓아 이러한 물량적 공세에도 당당하게 설 힘이 있다. 어찌하여 파괴가 위대할 수 있고 창조로 가는 원동력이 될 수 있을까. 한국 건축물의 특별한 점은 일반적인 상식을 거부하는 것에서부터 출발하고 그것이 자연에의 귀의로 정착된다는 점이다.

앙곡. 한옥의 처마 곡선을 입면에서 볼 때 양쪽 추녀 쪽이 휘어 올라간 것을 말한다. 긴 처마와 기와 때문에 육중해 보이는 지붕의 무게감을 줄이고 날렵하게 보이게 하는 고도의 건축기법이다.

우리나라 기와집을 정면에서 바라다보면 처마 선의 양쪽 끝이 약간 올라간 것을 볼 수 있다. 앙곡과 안허리곡이 합쳐져서 일어난 현상인데 의도적인 불균형을 주어 결국은 자연스러움에 이르도록 한 결과이다. 앙곡이란 추녀의 양쪽 끝 부분을 약간 휘어 올라가게 한 것이다. 사람의 안구 구조에 의해 건물을 멀리서 보면 양 끝 부분이 무겁게 처져 보이는 착시현상을 방지하려는 방법이다. 또 이렇게 버선코 모양으로 살짝 휘어 올라가 생긴 처마의 양 끝 곡선은 지붕의 묵중한 무게감을 덜어 준다. 안허리곡은 기와집의 지붕을 위에서 내려다보면 직사각형이 아니라 네 모서리가 약간 길게 나와 있어 가운데 부

분이 안으로 들어간 모습을 말한다. 이것 역시 지붕 선이 처져 보이지 않도록 한 방법에서 생긴 결과이다. 정상적인 모습인 직선을 허물어버림으로써 오히려 처져 보이는 왜곡된 현상을 제대로 잡아 주는 특별함이 한국건축에는 숨어 있다. 이러한 현상은 다른 데서도 나타난다.

안허리곡. 지붕 위에서 내려다볼 때 추녀 쪽이 길게 되어 중심 부분이 안으로 휘어 들어간 부분이 안허리곡이다.

기둥을 똑바로 세우지 않고 중심을 향하여 약간 안쪽으로 기울여서 세우는 것을 안쏠림이라고 한다. 이는 멀리서 보았을 때 기둥이 바깥쪽으로 기울어져 보이는 착시현상을 바로잡기 위한 절묘한 방법이다. 또한, 배흘림기둥은 기둥의 가운데 부분을 더 굵게 하여 멀리서 보았을 때 가운데가 쏙 들어가 약해 보이는 현상을 바로잡으려는 것이다. 다른 나라 건축에서도 적용되고 있다. 하지만, 한옥은 이러한 현상을 바로잡기 위해 여러 가지 기능적인 보완을 하고 있다는 것이 특별한 점인데, 우리의 장인들은 오래전 이러한 고도의 기술을 이미 체득하고 있었다. 정형을 파괴함으로써 더 자연스럽게 보이도록 하여 시각적인 착시현상을 보완하는 한국건축은 높은 경지에 올라와 있음을 알 수 있다.

왼쪽_ 배흘림기둥. 영주 부석사. 멀리서 보면 기둥의 중간이 가늘게 보여 불안정해 보인다. 이를 막기 위해 가운데 부분을 배부르게 만들었다.
오른쪽_ 귀솟음과 안쏠림. 창덕궁 연경당. 바깥쪽에 있는 기둥을 안쪽의 기둥보다 높게 만들어서 중앙에서 바라볼 때 멀리 있는 지붕의 양끝이 처져 보이는 착시를 줄이는 귀솟음과 건물이 벌어져 보이지 않도록 기둥의 윗부분을 중앙 쪽으로 쏠리게 하는 안쏠림을 했다.

한옥의 또 다른 특징은 자연주의를 한옥에 적용시킨 점이다. 자연이 가진 자연성을 가장 인공적인 건축물에 들여 놓은 모습은 독특하다. 이는 규모와 권위를 가진 다른 어느 나라의 건축물에서도 보기 어려운 특별함이다. 천 년이 넘은 신라의 경주 불국사는 화려하고 불교적인 의미체계를 잘 적용시키면서 권위도 함께 지닌 건축물이다. 한국 건축미의 으뜸이다. 국가적인 차원에서 지은 건축물임에도 기초 부분에 큰 자연석을 깎지 않고 있는 그대로 놓고 그 위에 자연석에 맞추어 다듬질한 돌을 쌓아 올렸다. 자연석의 둥근 곡선을 그대로 살리는 기법으로 그렝이질이라고 한다. 돌이나 나무 면을 고르게 다듬어 평면끼리 접하게 하는 다른 나라 건축물에 비해 한옥은 자연스러움을 그대로 받아 들이려 한다.

있을 때의 형태 그대로 기둥을 세워 놓았다. 자연을 그대로 들여 놓으려는 현상으로 이는 더욱 자연성에 가까워져 자연에 순응하려는 묘한 심리가 한국인의 피에 스며 있는 것이다.

덤벙주초. 구례 운조루. 자연석을 그대로 사용한 것을 덤벙주초라 한다. 기둥의 하부 앉히는 부분은 자연석의 모양대로 깎아 앉히는데 이를 그렝이질이라고 한다.

또 다른 예는 덤벙주초다. 한옥의 무게를 지탱해 주는 기둥을 받치는 부재로 돌을 사용하는데, 돌의 모양을 다듬지 않고 제각기 다른 자연석을 그대로 사용하고 있는 것이다. 물론 조선조 세종 때부터 민간에는 주초석을 원형이나 각형으로 다듬어 사용하지 못하게 하였지만, 그렇지 않은 경우에도 그대로 받아들이는 심성이 남아 있다.

도랑주나 덤벙주초 같은 것들은 한국인 마음의 갈피마다 숨어 있는 특질이기도 하다. 모두를 인공적인 가공물로 하기 보다는 일부에 자연 그대로를 받아들이려는 예는 큰 마음의 장인이나 주인에게서 나온 자연에 순응하려는 마음이다. 흐뭇하고 웃음이 나오게 하는 이런 여유가 한국적인 사고이다.

도랑주. 개심사 심검당. 자연목을 껍질만 벗긴 채 그대로 사용하는 것을 도랑주라고 한다. 한국인이 가진 심성의 일면을 볼 수 있다.

더 파격적인 받아들임의 예는 도랑주다. 도랑주란 나무를 가지만 잘라 내고 휘어지거나 생긴 그대로의 상태로 기둥이나 보 같은 건축물의 자재로 쓰는 것을 말한다. 대표적인 예가 구례 화엄사와 개심사의 심검당이다. 구례 화엄사 구층암의 도랑주는 모과나무의 큰 가지만을 잘라 내고 그대로 세워 놓았다. 500년 된 모과나무라고 하는데 일품이다. 다른 기둥은 원형으로 잘 깎은 나무로 기둥을 하고 두 개만 모과나무가 살아

들어걸개. 안동 군자마을 후조당. 들어걸개문은 우리의 건축이 자연에 대해 얼마나 많이 열여있는 건축물인가를 알 수 있다. 접어서 들어 올려 상부에 걸게 되어 있다.

한옥은 가장 현대적인 건축공법을 가지고 있다. 가옥구조는 짜맞추는 공법을 사용한다. 부재인 나무를 미리 재단하고 다듬어서 조립하는 방법을 사용하므로 빠르고 대량생산 체계를 갖출 수 있다. 표준화하기에 더없이 좋은 과학적인 건축공법이다. 기본 골격을 만들 때까지 한옥은 못을 사용하지 않는다. 정확하게 재단된 목재를 조립하여 건축물을 짓기 때문이다. 건축 부재의 조립상태를 숨기지 않고 드러내어 부재 자체를 장식용으로 활용하는 특별한 점도 있다. 한옥의 아름다움과 과학성은 직접 접하면 푹 빠지고 만다.

안마당. 안동 하회마을 심원정사. 보통 안채와 사랑채 사이에 있는 마당으로 노동공간이면서 경조사를 위한 의식이나 잔치의 공간이기도 하다. 한옥에서는 주로 안마당에 정원을 만들지 않고 작은 나무를 심으며 마당에 비치는 햇살이 반사되어 대청마루를 밝게 해준다.

한옥의 안마당은 나무나 화초를 심지 않고 공간을 비워 둔다. 노동과 잔치의 공간으로 사용하기 위한 것이기도 하지만, 화원을 뒷마당에 두어 여름에 공기순환을 자연스럽게 유도하려는 방법이다. 아무것도 심지 않은 안마당이 뜨거워 달아오르면 공기가 상승한다. 반대로 후원에는 나무와 화초를 심어 그늘을 만들면 시원한 공기가 발생한다. 자연스럽게 공기의 흐름이 후원에서 안마당으로 흘러간다. 안마당에서 솟아 올라가는 공기를 뒷마당의 시원한 공기가 밀면서 공기의 흐름이 발생하여 대청에 앉아 있으면 시원함을 느낀다. 마당과 대청의 온도는 확연히 다를 정도이다. 그리고 뒷마당은 산과 인접해 있는 경우가 많아 산바람이 뒷마당을 거쳐 대청으로, 대청에서 안마당으로 솟아올라 대청은 시원한 바람이 지나가는 통로로 여름공간이다.

한옥의 처마는 길다. 이것은 여름철에 70도 정도로 높은 고도의 햇볕을 차단하고, 겨울철에는 반대로 약 30도 정도의 경사로 비쳐오는 햇살을 받을 수 있도록 만들어졌기 때문이다. 과학적인 치밀한 계산 하에 나온 처마의 길이다. 여름에는 시원하고 겨울에는 햇볕을 받아 집안이 환하게 비치도록 하였다. 그뿐만 아니라 대청은 집에서 천장을 가장 높게 하여 여름에는 시원하고 탁 트인 느낌이 들게 만들었다.

대청. 국민대명원민속관. 우리의 대청은 마당과 방의 중간 부분에 있으며 관망의 장소이기도 하고 사람들이 모이는 만남의 장소이기도 하다.

한옥의 장점을 현대에 와서도 가장 많이 사용하는 부분은 바닥을 이용한 난방방법인 온돌이다. 아파트에서조차 한옥의 온돌기법을 그대로 사용하고 있다. 온돌은 땔감이 부족한 옛날에 효율적인 열 이용법이었다. 아궁이에서 땔감을 때 열을 발생하면 먼저 부뚜막에 솥을 걸어 취사용으로 사용하고, 구들을 이용해 안으로 들어간 열은 방을 따뜻하게 덥혀 준다. 발생하는 재는 개자리에 내려앉아 오히려 연기는 맑고 나무향기까지 난다. 한옥은 단점도 있으나 지금은 많은 부분 보완방법을 찾아내어 이제 새로운 길을 모색하고 있다.

추녀와 사래. 창덕궁 낙선재. 추녀는 지붕 만들 때 먼저 거는 부재로 주심도리와 종도리 위 지붕 모서리에 45도 방향으로 놓는다. 추녀의 외목 밑면은 약간 둥글게 소매걸이하고 끝 부분에 게눈각을 새겨 무겁지 않고 역동적으로 보이게 한다. 부연이 있는 겹처마는 부연 길이만한 추녀가 하나 더 걸리는데 이를 사래라 한다.

한옥마을의 중심은 물리적이 아니라 정신적인 중심이 실질적으로 중심역할을 한다. 원의 중심이 아닌 대개 마을의 뒤쪽으로 들어간 깊은 곳에 중심이 있는 곳이 많다. 마을에 처음 들어와 터를 일군 입향조와 종갓집, 사당이나 정자가 그곳에 있다. 그곳이 마을의 정신적인 중심역할을 하면서 실체적인 중심지이다. 곧 마을 사람들의 심정적인 의지처가 중심이다.

또 하나의 중심은 사람들이 오가며 만나고 마을을 전부 바라볼 수 있는 곳으로, 마을의 입구 쪽이나 노거수가 있어 사람들이 모이는 곳이 중심이 되기도 한다. 서구사회처럼 물리적인 거리와 원의 중심인 곳에 교회가 들어서고 그곳이 중심인 것과는 다르다. 우리의 의식에는 물리적인 중심보다는 심정적인 중심을 중요하게 여기는 경향이 강하다. 마을의 중심이 그러하듯 마을 사람들의 의식 또한 자연물에 기대는 흐름을 볼 수 있다. 산과 강에 기대어 산다는 의식이다. 유불선과 기독교가 뒤섞여 있는 것이 한옥마을의 의식구조이지만, 자연에 기대어 자연과 더불어 산다는 마음이 더 큰 자리를 차지하고 있다. 자연과 사람은 둘이 아니라 하나로 사람을 철저하게 자연의 한 부분으로 받아들이고 있는 것이다. 한옥을 지을 때 받아들인 이러한 자연주의 의식이 한옥마을의 형성과정에 반영되었다.

사당. 안동 의성김씨 종택. 조상의 신주를 모셔 놓은 집으로 가장 안쪽에 자리하는 것이 일반적이다.

한옥마을은 사거리가 거의 없고 길이 만나는 곳은 삼거리로 되어 있다. 길의 너비와 꺾인 각도에 상관없이 지형에 의하여 삼거리가 형성되거나 집을 지으면서 담장의 모습에 따라 길이 되는 것이 한옥마을 길의 형성과정이다. 우리의 의식 속에는 흑과 백으로 나누는 이분법적 사고보다는 경쟁이나 대결을 피하려는 의식이 많이 자리 잡고 있어 비례적이고 대칭적인 구조를 허물어 버린다. 한옥마을의 길은 일직선 보다는 휘어지고 꺾여진 길이 많은데 그 꺾임이 90도 각도로 예리한 곳은 드물다.

마을이 산을 끼고 있을 때에는 중심이 산 밑에 있는 경우가 많다. 산과 마을이 다 같이 하나의 마을을 형성하고 강이나 시내가 있는 경우에도 이를 모두 포함하여 마을의 한 부분으로 받아들인다. 자연과 사람이 하나이니 자연스럽게 마을은 주변

의 산과 강뿐만이 아니라 숲이나 큰 바위를 마을의 구성요소로 보는 것이다. 전체를 아우른 곳이 중심이 되어 마을과 산이 만나는 곳이 흔히 한옥마을의 중심이 된다.

북촌마을에서 가장 아름다운 길 중의 한 곳이다.

한옥마을은 사람과 집으로 이루어 진다. 하지만 자연을 아우르는 한옥이 가진 자연주의와는 달리 한옥마을에서 살았던 사람들의 의식세계는 분리를 강하게 주장하면서 사람 간의 관계에서도 극도의 인위적인 구분을 하고 있다. 사람의 신분에 의한 나눔이나 남녀와 노소에 따른 나눔인데, 이러한 의식은 공간배치에서 뚜렷하게 나타난다. 지배와 피지배의 상하구조와 성별에 의한 남녀의 나눔 같은 냉정한 구분이 자연주의와는 상반된 지배원리로 존재하는 것이다. 유교적인 원리를 적용하여 신분에 따른 집의 배치나 남녀노소의 공간을 따로 배치하는 이중성을 들어내고 있다. 느긋함과 조급함이 공존하듯이 자연주의를 받아들인 건축물에 반대로 신분이나 성별에 의한 차별을 두는 묘한 이중성이 공존하는 곳이 한옥이고 한옥마을의 지배적인 의식이다.

사대부들의 한옥은 남녀의 공간 구분을 위한 안채와 사랑채 간의 내외담의 배치, 죽은 자와 산 자의 공간 배치, 신분에 따른 본채와 행랑채의 구분 등이 남아 있다. 한옥마을은 대부분 유교적인 전통을 아직도 지켜가고 있다. 그러나 한옥은 이제 새로이 진화하고 있다. 변화하는 세상에서 의식과 관습도 변해가고 있다. 전통을 이어가는 방법에는 있는 그대로를 보존하는 것과 창조를 위한 변화의 방법이 있다. 보수와 진보의 모습 모두가 전통을 지키는 방법이다. 전통의 보존이란 틀과 새로운 전통의 진화를 향해 발전해 나가는 조화가 이 시점에서 진정 필요하다.

1 안동 하회마을. 사람의 집과 길이 풍경을 주고받고 있다.
2 홑처마. 안동 하회마을 심원정사. 부연 없이 서까래만으로 이루어진 처마다.
3 내외담. 경주 양동마을 서백당. 내외담은 조선시대 사대부 집에서
남녀의 생활공간을 나누기 위한 담이다.
4 경주 양동마을. 신라 천 년의 경주에 있는 조선 사대부 집들의 집성촌이다.
5 성주 한개마을. 집성촌으로 한주종택, 북비고택, 하회댁, 진사댁 등
역사를 간직한 집들이 모여 있는 마을이다.

1. 서울 북촌마을 서울시 종로구

변화와 전통이 맞물리고 어긋나면서 멋과 맛을 향해 한 걸음씩 전진하는 마을

아버지가 영웅이어서 사랑하는 것이 아니다. 어머니가 미인이어서 사랑하는 것이 아니다. 내 아버지이고 내 어머니이기 때문에 사랑하는 것이다. 이 세상에 존재하는 것 중에 가장 중요한 건 나다. 나로 말미암아 세상은 열리고 또한 닫힌다. 내 나라가 세상에서 가장 강하고 좋은 나라여서 사랑하는 것이 아니다. 영광과 치욕을 같이 가진 것이 나 자신이고 나의 부모다. 나라도 역시 마찬가지다. 굴욕과 환희가 병존하는 것이 한 나라의 운명이다. 한때 골목이라 치부되었던 곳이 실은 우리 자화상의 한 부분이다. 숨기고 감추려 했던 것이 우리의 모습이었다. 이제는 모자란 것도 드러내서 당당하게 세상과 만나야 한다. 우리의 북촌마을이 그렇다.

북촌은 600여 년의 결과물이다. 조선의 개국과 더불어 경복궁이 들어서고 창덕궁이 다시 지어졌다. 북촌은 조선의 왕궁과 왕궁 사이에 자리 잡은 마을이다. 고관대작이 넓은 터전을 가지고 위세를 떨치며 살았지만, 왕족의 힘에는 턱없는 존재였다. 넓이와 규모에서 비교되지 않는다. 하물며 지금의 모습을 갖게 된 역사와 북촌에서 삶을 일구며 살아가던 서민이야 어떠했을까. 북촌은 과거와 현재가 공존하며 어깨를 나란히 하고 사이좋게 걸어가는 모습을 하고 있다.

경복궁과 창덕궁 사이에 있는 한옥 보존지구로 청계천과 종로의 윗동네라는 뜻으로 북촌이라고도 한다. 북촌은 고관대작들과 왕족, 사대부들이 모여서 거주해 온 고급 살림집터로 한옥은 모두 조선시대의 기와집이다. 조선의 수도인 서울 600년 역사와 함께 해 온 한국의 전통 거주지역이다. 조선왕조의 자연관과 세계관을 보여 주는 성리학에 기초하여 배치된 궁궐 사이에 자리한 이 지역은 뛰어난 자연경치를 배경으로 거대한 두 궁궐 사이에 밀접하여 전통 한옥 군이 자리 잡고 있으며, 수많은 가지모양의 골목길을 그대로 보존하고 있어 600년 역사도시의 풍경을 극적으로 보여 주고 있다. 예로부터 원서동, 재동, 계동, 가회동, 인사동으로 구성된 지역이다. 조선시대에는 종로와 청계천은 상징성이 있는 곳이었다. 종로는 정치와 상업의 중심지였으며

청계천은 궁을 중심으로 횡으로 나누는 역할을 했다. 종로와 청계천을 중심으로 남촌과 북촌으로 나누었다. 왕과 6조 거리가 있는 지존의 북쪽과 상대적인 박탈감을 가진 사람들이 모여 사는 남산 밑에는 남촌이 있었다. 북촌은 왕족 다음으로 권세를 가진 마을이었다. 북촌은 당연히 당시로써는 왕실의 고위관직에 있거나 왕족이 거주하는 고급 주거지였다. 곳곳에 아직 남아 있는 몇 채의 한옥들은 이때의 명성을 그대로 간직하고 있다.

북촌은 역사의 흥망과 함께 변화했다. 이 지역은 사회, 경제상의 이유로 대규모의 토지가 잘게 나뉘어 소규모의 택지로 분할되었다. 현재의 모습은 근대의 산물이다. 일제강점기 때 도시로의 인구집중 현상은 서울의 주택난을 가중시켰고, 이러한 주택난에 따라 민간에 의해 진행되는 구획형 개발이 나타났다. 1912년 이후 주택난으로 말미암아 주택의 매매를 통해 이윤을 얻고자 하는 주택경영회사들이 등장하면서, 중대형 필지의 분할을 통해 이전과는 다른 형태의 한옥들이 급속하게 건설되었다.

현재 북촌의 대표적 한옥밀집지역인 가회동 31번지, 11번지, 삼청동 35번지 일대 등도 모두 이때 주택경영회사에 의해 집단적으로 건설된 한옥 주거지들로서, 대규모로 건설되고 나서 분양되는 방식으로 공급되었다. 이 시기 건설된 한옥은 이전의 전통한옥과는 많은 차이가 있는데, 유리와 타일 등 이전에는 쓰이지 않던 새로운 재료가 사용되었고 평면이 일정 부분 표준화되었다. 북촌의 한옥 주거지는 해방 이후 1960년대 초반까지 지속적으로 건설되어 학교 및 공공시설

왼쪽_ 작은 평수의 일명 개량 한옥들의 지붕. 한옥과 슬래브 지붕이 병존하고 있다.
오른쪽_ 가운데 하늘이 열려 있는 마당. 북촌은 중정이 갖춰진 전통배치를 유지하면서도 좁은 공간 속에서 최대한의 공간 활용을 하는 방식으로 설계되었다.

로 남은 몇 개의 대형 부지들을 제외하고는 거의 모든 지역이 한옥들로 채워졌다. 사대부들이 살던 한옥은 고급 자재와 전문 목수에 의해 설계·시공되고 여유 있는 공간을 갖도록 건물을 배치했다. 일제강점기에 지어진 도심 한옥 군은 대규모로 지어졌다.

가운데 하늘이 열리는 마당이 있고 중정이 갖춰진 전통 배치를 유지하면서도 좁은 공간 속에서 최대한의 공간 활용을 하는 방식으로 설계되었다. 작은 평수, 일명 개량 한옥들이 지붕 처마를 잇대고 벽과 벽을 이웃과 함께 사용하는 풍경을 만들어내고 있다. 흔히 북촌의 아름다움을 이야기할 때 밀집된 한옥의 지붕 선이나 기와를 인 처마의 곡선미를 말하고들 하지만, 개인적인 마음 끌림은 골목이다.

북촌에선 처마 선의 아름다움과 더불어 골목길의 따뜻함을 만날 수 있어 좋다. 골목은 지형의 변화에 따라 휘어지고 굽어 있다. 예전에 골목은 벗어나고 싶었던 가난의 상징이었지만, 지금은 따뜻하게 어우러지는 자연스러운 골목길이 주는 편안함이 고맙다. 지나는 이웃의 어깨가 닿을 정도로 좁은 폭을 가진 골목과 옛 우마가 지날 정도로 넓은 골목이 미로처럼 연결되어 있으며, 좁아졌다가 넓어지고 다시 좁아지곤 한다. 끊어질 듯 이어지고 이어지면서 끊어질 것 같은 골목. 북촌의 한옥들이 서로 맞닿아 있는 풍경은 이 지역의 맛을 한결 더해 주는 요소이다. 북촌은 과거와 현대가 어울리기도 하고 밀어내기도 하면서 새로운 세상을 여는 진취적인 곳이다. 역동과 고요가 함께 자리하고 변화와 전통이 맞물리고 어긋나면서 멋과 맛을 향해 한 걸음씩 전진하고 있다. 북촌은 새로운 것이 전통을 만나 더 향기로워지는 마을이다.

골목이 한때는 가난의 상징이었지만 지금은 정감의 공간이다.

1 변화의 중심에 있는 북촌마을은 과거와 현재가 어색하지 않게 어울린다.
2 북촌은 600여 년 세월의 결과물이다. 조선의 개국과 더불어 경복궁과 창덕궁이 지어졌다. 북촌은 조선의 왕궁과
왕궁 사이에 자리 잡은 마을이다.
3 북촌. 작은 평수의 개량 한옥들과 현대적인 건물이 공존하는 북촌은 전통만큼 창조적인 진화가 보이는 곳이다.
4 락고재. 한옥은 이제 새로운 창조적 변화를 맞이하고 있다. 전통한옥과는 다른 느낌, 다른 감각을 가지고 태어난다.
5 은덕문화원. 새로 단장된 한옥, 조경도 현대풍이다.
6 서울한옥체험관. 변화를 맞이한 북촌은 이제 변화와 전통의 공존을 꿈꾼다.
7 서울한옥체험관. 북촌에서는 여러 가지 표정을 만난다.
8 은덕문화원. 한옥이 다시 태어나는 현장이 북촌임을 확인한다. 현대적인 감각과 전통이 공존하고 있다.

1-1. 북촌 락고재 樂古齊 | 서울시 종로구 계동 98

도시화된 서울에서 빛나는 것은 한국적인 전통문화 공간이다

북촌에 락고재樂古齊가 있다. '옛것을 누리는 맑고 편안한 마음이 절로 드는 곳'이라는 뜻이다. 락고재는 내·외국인들을 위한 전통문화 체험 공간이다. 한국을 찾은 외국인들이 이곳에서 우리나라 조선시대 선비들이 느꼈던 것처럼 바람이 흘러가는 것을 깨닫고, 풍류와 제대로 된 멋을 알고 느끼게 하는 체험공간이 락고재다. 개인의 육체적, 정신적 건강의 조화를 통해 행복한 삶을 지속시키고자 하는 방법의 하나로 문화에 발을 담그기 시작했다. 가장 한국적인 것이 가장 우리의 심성을 닮았다.

한국문화는 능청스러울 정도로 자연을 끌어안고 있지만, 가만히 들여다보아야 보인다. 또한, 천연덕스러운 아름다움을 가졌는데 깊은 속내를 들여다보면 자연을 다듬고 인위를 숨죽인 결과임을 보게 된다. 그래서 정형 속에 비정형이 담겨 있고, 인위 안에 자연을 품고 있다. 북촌 락고재가 그렇다.

락고재는 도시 속에 전통을 들여 놓은 곳이다. 세계화 속에 한국미를 소복하게 키워낸 곳이다. 서울 한복판에 전통이 싹을 틔우고 있다. 한옥의 맛을 살리면서 현대적인 생활공간의 접목을 잘 조화시켰다. 락고재란 당호 뒤에는 환풍류문화원桓風流文化院이란 이름이 붙어 있다. 환桓이란 한국을 뜻하는 한韓의 원형이다. 하늘을 뜻하기도 하며 배달민족을 의미하기도 한다. 환국桓國은 환인이 다스린 나라이다. 『삼국유사』의 첫머리도 환인으로 시작하고 있다. 우리 역사의 시발점은 단군이 아니라 바로 환국과 환인이다. 환인은 환웅의 아버지이자 단군의 할아버지이다. 환국과 현재의 한국韓國은 우리나라 국호의 시작과 끝인 셈이다. 그러한 깊은 뜻을 담은 '환桓'을 이름으로 삼고 있다. 그만큼 주인은 한국문화에 깊은 관심과 애정을 가지고 있다.

락고재는 대지 130평에 건평 45평, 방은 5개다. 마당 옆에는 정자가 있다. 정자에는 바람과 하늘이 머문다. 하늘과 바람은 그곳에 머무는 사람의 몸과 마음에도 머물다 간다. 정자는 쉼의 자리이면서 흥과 신명의 장소이기도 하다. 정자

에서는 노래와 춤과 시가 태어난다. 풍류를 아는 사람의 자리다. 와편담장, 연못, 장독대 등이 배치되어 있다. 벽에는 김정희의 세한도, 허련의 장송, 장승업의 화조도 같은 이름난 작품을 복사한 영인본이 붙여져 있다. 온돌방이지만 방마다 수세식 화장실과 목욕탕 시설을 갖췄다. 안방은 바닥을 옥으로 깔아 건강을 배려했다.

락고재의 운영은 시인이자 풍류 도학가인 정우일 선생이 원장을 맡아 꾸려 간다. 정 원장은 전북 정읍 삼신산 동이학교를 만들어 운영해 왔다. 학계·문화계 인사 15명으로 자문단이 구성돼 있다. 주로 외국인들에게 개방되지만, 한국인들도 공연, 세미나 등에 이용할 수 있다.

락고재에는 문화체험 일정표가 다양하다. 일단 잘 익은 햇살을 벗고 들어서면 바닥에 깔린 디딤돌이 길을 안내한다. 대나무가 바람을 잡고 흔들리면 다시 한 번 향기로워진다. 차를 한 잔 마시며 다도체험을 하고, 한국의 맛을 느낄 수 있는 최고급 지방 별미를 대접받는다. 영암의 어란, 양양과 봉화의 송이, 영광의 굴비, 제주도의 전복…. 그릇은 놋쇠를 일일이 두들겨 만든 방짜와 백자, 토기 등 3가지로 나뉘어 있다. 이렇게 차린 성찬과 함께 대금, 판소리 등 국악공연이 뒤

왼쪽_ 암키와와 수키와를 이용해 쌓은 담장과 대나무.
오른쪽_ 촉촉이 젖은 자연석계단 위로 일각문 빗장과 빗장둔테가 보인다.

따른다. 한국문화에 대한 설명도 곁들여진다. 붓을 들고 난을 치거나, 간단한 우리 악기를 배워볼 수 있다. 한국적이면서 우리의 강산과 시간의 흐름에 잘 어울리는 풍류를 들여놓았다. 락고재는 외국인 5~10명 사이의 한 팀에 집 전체를 빌려 주는 방식으로 운영된다. 외국인들의 취향이나 방문 성격에 따라 프로그램을 달리할 계획이다. 국적이나 취향이 다르면 문화적인 공감대도 줄어들기 때문이다. 고상한 아취와 멋스러움을 한국적으로 풀어놓은 락고재는 머무는 바람을 잘 갈무리하는 장소다. 한국적인 것이 도시화한 서울에서 빛나는 전통문화 공간이다.

1 창조적 파괴, 창조적 발상의 현주소 중 하나가 락고재다.
2 지붕 선과 기단, 쪽마루 직선의 시원함과 8각형의 불발기창이 잘 어울린다.
3 작은 마당임에도 정자가 좁아 보이지 않고 친근한 것은 적절한 크기와 모양에 정성을 들여서이다.
4 마당에 전돌의 디딤돌을 듬성듬성 놓았다.

1

2

3

1 창호의 품위 있는 모습.
2 여닫이 쌍창이다. 위는 세살로 하고 중간은 청판에 팔각형의 불발기창을 달고 아래는 청판으로 했다.
3 락고재 입구 풍경으로 대문을 일각문으로 했다.

락고재는 '옛것을 누리는 맑고 편안한 마음이 절로 드는 곳'이라는 뜻이라고 한다.

1 지면에 접한 부분은 큰 돌을 놓고 그 위에 와편담장을 쌓았다.
수키와만으로 엎어 놓고 바로 놓고 하여 원형을 만들고 빗살 8각형 문양의 여닫이창을 달아 멋을 더했다.
2 판석을 그대로 마당에 깔았다. 잘 다듬어진 돌보다 자연미가 돋보인다.
3 와편담장과 대나무가 단순하면서도 정돈된 모습이다.

1 주인의 마음이 가지 않은 곳이 없다. 문얼굴 사이로 주인의 안목이 만들어낸 미학이 보인다.
물확과 항아리, 모두 머무는 사람들의 정주 물품이다.
2 처마 선이 머리를 맞대고 정담이라도 나누는 듯하다. 깔끔하고 단정하다.
3 이제는 서울에도 대나무가 잘 자란다. 정원수로 잘 어울린다.
4 박공 위에 지네철과 방환으로 기능성에 장식성을 더했다.
5 부뚜막의 무쇠솥과 아궁이.
6 물을 집에 들여놓으면서 미학도 함께 들여놓았다.
7 단환의 문고리 모습.
8 단순해 보일 듯한 장소에 용두 상을 두었다.

1-2. 북촌 청원산방 서울시 종로구 계동 79-12

나무가 꿈을 꾸는 집, 청원산방

창호. 폐쇄된 벽을 열어 놓는 공간으로 벽에 설치하는 창이나 문을 말한다. 언제나 개방하고 닫을 수 있는 가변성을 가지고 있다. 기능의 양 방향성을 가지고 있지만, 건축물에서는 개방된 공간임이 분명하다. 나무의 꿈이 창호에 들어앉아 아름다운 미학의 공간, 사랑스러운 공간으로 다시 태어났다. 사람이나 물체를 통하게 하고 때로는 소리나 비바람을 막아 주기도 한다.

소목장·창호제작 무형문화재 보유자 심용식의 집 '청원산방'은 나무가 마지막으로 아름다워지는 장소다. 문과 창마다 아름다움이 살아 있다. 나무가 꿈꾸는 집이었다. 창호제작 무형문화재 보유자의 집답게 정교하고 세세한 마무리가 돋보인다. 심용식은 40년이 넘는 시간을 바치고서야 겨우 문이 무엇인지 어렴풋이 알게 됐다고 한다.

> 오래된 나무는 그 세월만큼의 햇빛과 비바람을 견뎌야 합니다.
> 새들이 날아왔다 떠나가고 수만개의 잎이 나고 지는 동안에도
> 나무는 그렇게 서서 세상에서 가장 귀한 집으로 다시 태어날
> 꿈을 꿉니다. 저는 나무의 꿈을 이뤄주는 사람이고자 합니다.

나무의 꿈을 이루어 주는 사람. 나무의 마지막 꿈의 장소로 창문을 선택한다는 것은 의미 있다. 안에서 보면 창과 문은 세상으로 나아가도록 열려 있다. 밖에서 보면 안에 사는 사람들의 마음이 보인다. 아기자기하기도 하고, 환하게 열려 있는 모양이기도 하고, 맑고 투명하게도 보이는 문살이 나무의 살빛을 그대로 가지고 있다.

청원산방은 서울 종로구 계동에 있으며 북촌 한옥마을로 더 알려진 곳이다. 한옥으로, 전통창호에 대한 것을 담은 작은 박물관이다. 청원산방은 심용식 소목장이 전통창호를 제작하고 연구하며 쌓아 온 결과물을 한자리에 집약시켜 놓은 곳이다. 전통창호에 관한 정보를 접할 수 있도록 하여 우리 전통문화의 아름다움을 널리 알리는 데 이바지하고자 마련했다.

ㄷ자형의 정갈한 품새로 자리 잡은 청원산방은 문과 창의 특성을 한눈에 파악하고 비교하기 쉽게 꾸며져 있다. 전시된 문과 창은 주기적으로 교체될 예정이라니 그 마음 씀

이나 꾸준한 마음이 특별하다. 시연 장소에서는 300여 점의 옛 공구를 볼 수 있으며 심용식 소목장의 시연이 이루어지기도 한다. '청원산방'이란 이름은 심용식 소목장의 호 '청원 淸圓'에서 딴 것으로 '맑고 둥글다.'라는 뜻이다. 청원산방 안으로 들어서면 보이는 현판 '계수헌桂樹軒'은 우리나라 서단의 거목인 권창윤이 청원산방의 글씨와 함께 쓴 것이다. 계수나무가 있는 달나라처럼 아름답다는 뜻이다. 청원산방이 전통문화와 전통창호의 앞날을 은은한 달빛처럼 비춰 주길 바라는 기대와 소망을 담았다고 한다. 심용식 소목장의 40년 장인정신을 고스란히 담은 청원산방은 앞으로 우리 전통창호의 계승과 독창적인 발전에 중요한 역할을 할 것이다.

> 집이 사람이면 창호는 얼굴이에요. 창호도 웃는 얼굴 같아야 보기도 좋아요. 창호를 얼마나 섬세하고 예쁘게 짜느냐에 따라 집이 달라집니다.

창호에 대한 철학을 담은 심용식 소목장의 발언이다. 접이 세살문은 계절에 순응하며 살았던 우리 조상의 지혜를 잘 보여 주고, 더운 여름에는 창을 들어 올려 차양 역할을 하기 때문에 통풍이 잘되고 햇빛을 가려 시원하다. 한지를 통해 들어오는 자연 바람과 소나무에서 나오는 은은한 향

왼쪽_ 마당 디딤돌의 구성이 집과 한 풍경 한다.
오른쪽_ 쓸모없는 고사목도 청원산방을 만나면 예술작품으로 다시 태어난다.

서울 북촌마을 29

기까지 어우러지면 선경이 따로 없다. 이런 창호를 보노라면 마치 안과 밖이 하나의 마음으로 연결되는 듯하다. 벌레를 막으면서도 밖에서 안이 보이지 않도록 견이나 마를 붙인 살창은 한옥의 품격을 더한다. 심용식 소목장의 마음이 고스란히 담겨 있는 청원산방의 창호를 바라보면 세상도 덩달아 꿈을 꾼다. 산 만큼 아름다워져야 하는 책임을 가진 것이 사람이다. 살아온 세월만큼 심용식 소목장의 마음이

아름답고, 빛과 고요가 내려앉은 청원산방이 아름답다. 주인장인 심용식 소목장의 발언에 귀 기울여본다.

제가 목수의 길을 선택한 데에는 거창한 명분이 없습니다. 그저 어린 시절부터 수덕사에 드나들며 전통 문살과 단청의 아름다움에 넋을 빼앗기곤 했지요. 40여 년 동안 묵묵히 나뭇결을 쓰다듬고 있으려니, 어느 날 사람들이 저를 장인이라 부르고 있었습니다.

위_ 무형문화재 보유자 심용식의 집 '청원산방'은 나무가 마지막으로 아름다워지는 장소다.
아래_ 청원산방은 전통문화와 전통창호의 앞날이 은은한 달빛처럼 비춰 주길 바라는
소망을 담았다 한다.

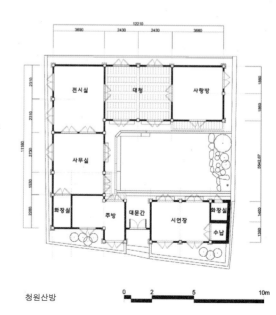

청원산방

위_ 창호제작 무형문화재 보유자의 집답게 정교하고 세세한 마무리가 돋보인다.
아래_ 담장의 꾸밈이나 화초가 조촐한 아름다움을 만들고 있다.

위_ 청원산방은 나무가 꿈꾸는 집이다. 야사野史라는 글귀가
정면에 걸려 있다. 독자적인 아름다움을 가진 것들이 모여
조화로운 세계를 만드는 가운데 밤에 이루어지는 또 다른 세계가
숨어 있을 듯 하다.
아래_ 안에서 내려다본 작업실.

1

2

3

1 문의 아름다움이 살아 있다.
2 소목장 심용식은 40년이 넘는 시간을 바치고서야 겨우 문이 무엇인지
어렴풋이 알게 됐다고 한다.
3 월문의 기막힌 구성이 돋보인다. 직선과 원의 만남이 뜻밖의 기쁨이다.

1

2

1 안에서 밖을 내다본 모습으로
문얼굴 사이로 디딤돌이 동선을 연결해
주고 있고 담장 밑에 조경을 하였다.
2 예술작품이다. 새로운 시도가
창조적 희망으로 빛난다.
3 맑은 유리를 가운데 두고 나머지는
창호지를 발라 채광과 밖을
바라볼 수 있도록 했다.
4 좌우 비대칭이 오히려 반갑다.

3

4

1 나무로 치장한 화장실 내부. 만살창을 통해 들어온 햇빛이 온화하다.
2 자연채광을 적극적으로 끌어들였다. 우물반자 위 마족연을 부분적으로 묻었다.
3 장인의 집게 공구들이 주인을 기다리고 있다.
4 완자교란 평난간의 꾸밈이 예사롭지 않다.
5 난간에 꽃이 피었다. 계절은 산 자의 가슴에도 핀다.
6 빗장과 빗장둔태. 오래 살라는 염원의 거북이 상이다.
7 평난간의 하엽.
8 마루 밑의 빈 곳을 숨 쉬게 하는 환기구에 나무장식을 입혔다.
9 나무가 생긴 그대로의 모습에 문양을 넣어 단장하고 희소식을 기다리고 있다.

2. 남한산성 마을

경기도 광주시 중부면 산성리

남한산성은 천년이 넘는 역사에서 단 한 번도 함락당하지 않은 성이다

남한산성 하면 치욕스러운 역사를 떠올린다. 가장 가까운 역사 속에서 조선의 왕, 인조가 청태종에게 맨바닥에 엎드리는 '삼배구고三拜九叩'의 치욕을 당했다. '삼배구고'는 무릎을 꿇은 채 세 번씩 머리를 땅에 부딪쳐 절하는 의식을 반복적으로 세 번 해야 한다. 머리를 땅에 부딪칠 때는 소리가 나야 하기 때문에 고통스러운 의식이다. 당시 인조의 이마는 피투성이가 될 정도로 수십 번 머리를 땅에 부딪쳤다고 한다. 임진왜란을 겪고 나서도 대비하지 못한 조정에 그 치욕은 찾아왔다. 백성의 의식은 살아 있었지만, 왕을 비롯한 조정은 기득권을 지키려는 욕망에 사로잡혀 변화를 모색하지 못했다. 죽을 때까지 싸워야 한다는 주전론은 먹을 것이 없어 굶어 죽을 지경인 상황에서는 허망한 소리였으며, 큰소리쳤던 자들은 추위를 무릅쓰고 나가서 싸우지 못했다. 결국, 참담한 낙망의 항복을 해야 했다. 그때 죄 없이 끌려간 백성이 적어도 30만에서 40만이 되었다.

그 현장이 남한산성이다. 하나 남한산성은 그 실체를 확인해 보면 오히려 당당한 성이다. 남한산성이 처음 축성된 시기는 통일신라시대 문무왕 12년, 672년이며 조선시대 인조와 숙종 때 이르러 애초 토성이었던 것을 석성으로 다시 축성하였다. 병자호란 당시 인조가 청의 공격에 굴복하여 송파구 삼전도에서 비록 항복을 하였지만, 청나라의 12만 대군을 상대로 조선 군사 1만 3천 명이 맞서 싸웠다. 남한산성은 천 년이 넘는 역사에서 단 한 번도 함락당하지 않았던 곳이다. 남한산성은 민족 수치의 현장이 아니라 외세의 침입으로부터 국가와 민족을 지켜 준 민족 호국의 현장이다. 남한산성은 병자호란 당시 수적 열세에도 50일간의 치열한 항전을 했던 역사의 현장이며, 9개의 사찰에서 호국 승군들이 목숨을 건 항전을 한 곳이다. 구한말에는 항일의병운동의 중심지였다.

남한산성 성안의 마을을 산성리라고 한다. 조선조 인조 4년, 1626에 산성을 축조했다. 남한산성 일대의 방어를 위해 설치된 중앙 군영인 수어청과 광주부가 이곳에 들어서면서 마을이 번성하기 시작했다. 그러나 1636년 병자호란을 겪으며 인조 자신이 축성을 명령했던 곳에서 항복하는 치욕의 장소가 되었다. 45

일 동안 청군에게 포위되어 있으면서 항쟁하였으나 중과부적으로 견디지 못했다. 조선 인조 4년, 1627년에 읍치가 이곳으로 옮겨 오고 나서 1917년까지 300여 년간 광주의 지방정부가 있던 마을이다. 숙종 이후 이곳에 민가가 집단으로 형성되기 시작하여 가장 인구가 많을 때는 민가만 해도 1,400여 호에 4천여 명이 거주했다. 남한산성은 행정과 군사의 중심지였다. 그만큼 남한산성에는 역사적인 유적과 사연이 많다.

1914년 일제강점기에 행정구역을 개편하면서 광주군 중부면 산성리가 되었다. 산성리 마을은 일본의 항일 의병 근거지를 초토화하는 말살정책과 맞물려, 이 마을에 있던 광주군청이 1917년 현 광주시 경안동으로 이전하면서 마을이 퇴락하기 시작하여 1960년 대 이후 작은 마을로 변하게 되었다. 남한산성이 국가사적으로 지정되고, 경기도립공원으로 지정되면서 활기를 되찾기 시작하여 현재에 이르고 있다.

국가지정 문화재와 경기도지정 문화재 외에도 많은 유적이 곳곳에 있고, 특히 병자호란을 겪은 성이어서 많은 일화가 있으며, 예전에 읍치가 이곳에 오래 있었으므로 문헌에는 누각과 정자가 무수히 많이 존재하지만, 실존하는 것은 많지 않다.

남한산성은 다시 태어나고 있다. 남한산성 행궁이 90년 만에 복원됐다. 행궁이란 임금이 도성 밖을 행차할 때 묵던 별궁이다. 남한산성 행궁은 정무시설은 물론 다른 행궁에 없는 종묘사직 위패 봉안 건물을 갖춘 것이 특징이다. 조선시대 행궁제도를 살필 수 있는 중요한 유적으로 역사적·학술적 가치가 크다.

최고의 수준에 달하는 우리나라 성곽 축조기술을 보여 주

왼쪽_ 난간을 둘러 운치를 더하고 기와는 전통적인 방법을 고수한 홑처마집이다.
오른쪽_ 1만 3천여 명의 군사가 13만 대군을 상대로 막았으나 식량과 땔감이 없어 결국 스스로 손을 든 치욕의 장소이기도 하다.

는 남한산성과 역사를 함께하는 행궁은 1999년부터 발굴조사를 시행하여 상궐, 좌전이 복원되었다. 일부 건물지에서 초대형 기와 등 다량의 유물이 출토된 중요한 유적지인 남한산성 행궁을 국가지정 문화재로 지정하여 보존·관리하고자 복원 중이다. 복원된 행궁은 임금의 처소인 내행전, 수행원 거처인 남·북행각, 임금 휴식처인 재덕당, 광주 유수 집무실 좌승당 등 상궐 5채로 고증을 거쳐 전통 궁궐 한옥양식으로 재건됐다. 앞으로 복원 정비할 곳은 일부 복원 정비가 덜 된 성벽과 행궁을 중심으로 관아건물, 정자, 사찰 등이 있으며 19세기까지 존재하였던 남장대를 우선 복원하여야 한다. 그리고 사직단, 객사로 쓰던 연화관, 관청인 이아지, 수창, 구군기고도 복원하도록 해야 하며, 호국 불교 사찰인 개원사와 한흥사, 동림사, 옥정사도 확장하거나 발굴 복원이 필요하고, 관이정, 완대정, 이

위정, 송암정 등 정자도 복원 대상이며, 구송정은 한흥사와 연계하여 복원해야 할 것이다.

남한산성 문화재 외에도 주변 마을에 수백 년씩 이어져 내려오는 마을 문화가 있다. 남한산성 마을이 해체되면서 흩어졌던 전통이 남아 있는 것이다. 엄미리 장승제는 300년 전통이 있고, 광지원리 해동화 놀이는 200년 동안 정월 보름에 주민 모두가 모여서 달집태우기, 제사, 지신밟기를 하고 있다. 광지원 해동화 놀이와 같이 맥을 이어 오는 광지원 농악이 있다.

남한산성에는 한옥 이주단지가 조성되었다. 남한산성 복원 정비 사업의 하나로 행궁지 주변 15가구를 새로 만들고 있다. 1단지 10가구, 2단지는 5가구로 나누어 이주시켜 만들어진 한옥마을이다. 이주단지는 행궁지가 인접해 있어 문화재가 아님에도 경관을 고려하여 짓고 있다.

남한산성 마을 1단지 전경. 남한산성은 복원 공사가 한창이다. 행궁의 복원과 신축하는 건물은 살림집과 식당을 겸할 수 있는 한옥으로 짓고 있다.

1 주일성 가옥. 살림집과 식당을 겸하는 한옥으로 지어 일반 살림집과는 다른 구조적 특성이 있다.
2 행궁의 내행전과 좌승당 모습.
3 남문(지화문). 날개를 편 장엄한 모습이다. 역사에는 영광과 치욕, 전진과 후퇴를 반복한다.
4 전시에 지휘할 수 있도록 만들어진 수어장대.
5 남문 문루. 가로축과 비교하면 높이가 낮아 안정감을 준다.
6 지형의 변화에 따라 쌓은 성벽이 웅장하다.
7 적에게 들키지 않고 드나들 수 있게 한 암문이다.

2-1. 김태식 가옥, _{1002-2번지} 주일성 가옥 _{1007번지}

전통한옥과 개량한옥의 만남

남한산성은 한국토지공사에서 운영하는 토지박물관에서 1999년 3월부터 행궁을 비롯한 유적을 복원하고 있다. 남한산성다운 면모를 갖추려면 광주부가 있던 큰 마을이었던 만큼 현재 거주하는 집들을 규모 있는 한옥으로 복원해야만 했다.

1단지에 있는 1002번지 집은 행궁이 지척에 있고 행궁과 지반 높이의 차이도 10여 미터밖에 되지 않아 경관 고려의 문제가 있었다. 조선후기 ㅁ자 집의 구성을 보면 건물 앞쪽에 행랑채를 두고 다음으로 사랑채를 배치하고 중간 좌우측에 날개채를, 안쪽에는 대청이 있는 안채를 배치하는 것이 일반적이다. 그런데 남한산성의 한옥은 사랑채와 행랑채가 건물의 얼굴 역할을 하게 되어 있고 식당공간이 중심이기 때문에, 현대의 편리한 기능을 어떻게 전통의 그릇에 담을 것인가가 큰 고민거리였다.

고민 끝에 건물의 중앙에 현관을 두고 전통한옥의 사랑채에 해당하는 오른쪽에 누마루와 연결된 접대공간을 배치하였다. 반대쪽에는 행랑채라고 할 수 있는 객실을 배치하여 기능을 나누었다. 사랑채는 팔작지붕에 난간을 돌리고 전돌로 치장하였으며 행랑채는 맞배지붕에 자연석으로 화방벽을 설치하여 간결하게 표현하였다. 접대공간이 필요한 식당의 기능을 한껏 살린 방법이다.

지정된 대지 안에 지으면서 기능적으로 어려운 점은 한 지형 안에 3~5미터나 되는 지반의 경사를 어떻게 고려하는가의 문제였는데 대지의 특성상 채 나눔은 필연적 결과가 되었다. 이는 한옥의 자연주의에 맞물린 지형에 순응하는 전통수법으로 각 채마다 대지의 경사도에 따라 자연스레 놓으면 되었다. 마지막으로 가장 낮은 위치에 장주초석을 갖춘 누마루를 배치하여 과도한 경사 차를 흡수하도록 하였다.

기본설계 방향은 주택과 근린생활시설인 음식점을 복합적으로 설계하는 것이었다. 근린생활시설은 50명 이상을 동시에 수용할 수 있는 큰 공간으로 설계하고 건물 높이는 8미터 이하로 된 조례규정을 따랐다. 지붕은 홑처마에 구조는 민도리집으로 하고 행궁의 격과 차별을 두었다. 한옥

1단지에 자리한 1002번지와 1007번지는 행궁과 인접하고 지반고가 비슷하여 단층으로 설계하였다.

1002-2번지 집은 120평 규모의 정면 6칸, 측면 7칸의 ㄷ자형으로 북동쪽으로 약 3m가량 경사진 대지에 지어졌다. 지하층이 있는 구조로 철근콘크리트 구조 위에 초석을 놓고 방형의 각기둥을 설치하였으며, 경사지를 이용하여 전체를 3단으로 구성하였는데, 전면 현관이 있는 부분을 문간채로 하고 접대공간과는 1자의 높이 차를 두었다. 앞쪽에 누마루를 배치하여 입면은 사랑채의 느낌이 나도록 하였다.

1007번지 한옥은 접대공간과 살림집을 2자의 높낮이 차를 두고 지붕구성은 문간채는 맞배지붕, 누마루와 안채는 팔작지붕으로 하였다. 외부 마감은 팔작지붕으로 된 안채와 누마루는 중방을 기준으로 하부는 전돌 쌓기로 하고 상부는 회벽 바름으로 하였다. 맞배지붕의 문간채는 자연석 화방벽과 판벽으로 하여 쓰임새에 따라 다르게 마감하였다.

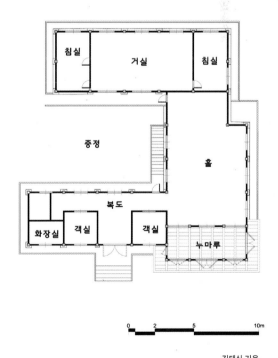

김태식 가옥
자료제공_ 유타 건축사 사무소 031-721-1975

김태식 가옥

1 사랑채 형식의 구조에 머름형 평난간을 둘러 멋을 내었다.
2 ㄷ자형의 집이 가진 중정을 현대적으로 꾸몄다. 마당에는 잔디와 판석을 깔았다.
3 평대문. 힘차게 달리는 준마 무리가 역동적인 작품으로 일품이다.
4 식당공간으로 넓은 접대공간을 마련했다.
5 대청이 되는 내부구조에 미서기 아자살 창호가 잘 어울린다.
6 한옥의 들어걸개문을 채용하지 않고, 문의 개방성을 최대한 고려하여 시원하다.
7 상량문과 서까래가 마주 보지 않고 엇갈리게 놓인 모습이 매우 아름답다.
8 빗장과 빗장둔테. 거북의 형상을 하여 장수의 의미와 멋을 같이 살렸다.

주일성 가옥

1

2

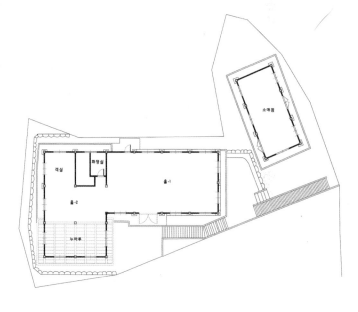

3

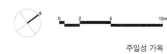

주일성 가옥

4

1 전통적인 맛과 실용성이 잘 조화된 집이다.
2 현관이 있는 부분을 문간채로 하고 접대공간과는 1자의 높이 차를 두었다.
입구에 누마루를 배치하여 사랑채의 느낌이 나도록 하였다.
3 바닥에 막다듬한 원형의 판석을 깔았다.
4 인화관 정면. 정면 3칸의 삼량가로 작은 규모이나 겹처마로 격을 높였다.

2-2. 고향산천 경기도 광주시 중부면 산성리 473

높이 제한의 해법을 지붕을 나누는 분절기법으로 해결

남한산성 성안의 마을이을 산성리라고 한다. 남한산성이 국가사적으로 지정되고, 경기도립공원으로 지정되면서 활기를 되찾기 시작하여 현재에 이르고 있다. 현재의 집들은 식당업이 주류를 이루며 상업용으로 활용되고 있어 국가 차원에서 마을을 다시 조성하고 있다.

정면 6칸, 측면 5칸 중층의 근린생활 용도로
1층은 음식점, 2층은 살림집인 주거복합 건물이다.
2층에 ㄱ자형의 안채로 살림집을 배치하여
마치 경사지의 튼ㅁ자 집처럼 보이도록 하였다.

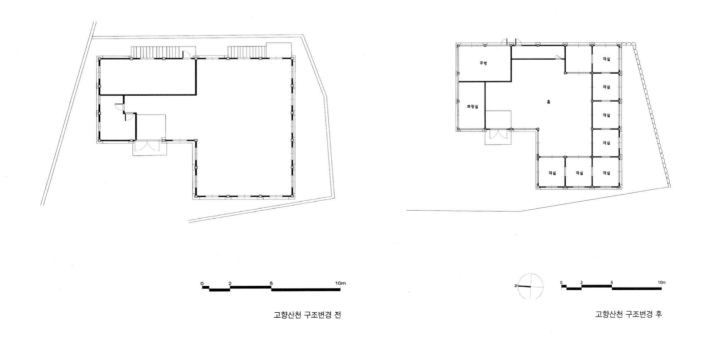

0 2   5   10m
고향산천 구조변경 전

0 2   5   10m
고향산천 구조변경 후

남한산성 한옥의 대부분은 음식점과 살림집이 복합적으로 구성되어 상업을 목적으로 하는 공간이 주가 되고 살림집은 지하층이나 1층 뒤쪽에 자리 잡고 있다. 고향산천 한옥은 1층에 근린생활시설로 음식점이 들어서고, 2층에 살림집을 배치하였다. 높이 제한은 8미터로 정해져 있어 높이 제한의 해법으로 지붕을 나누는 분절 방법을 사용하였다. 전면 1층에 행랑채와 일부 날개채를 배치하고 2층 후면에 안채를 배치하여 경사지 대지에 튼 ㅁ자형으로 보이게 하였다. 그리고 1층에 누마루를 배치하여 밖으로 열려 있는 공간적 여유로움을 갖도록 고려했다.

산성리 473번지 집은 120평 규모의 마름모 형태로 북쪽으로 6미터 도로에 접해 있는 평지형 대지에 지어졌다. 정면 6칸, 측면 5칸 중층으로 근린생활 용도이며 주거복합 건물로 1층은 음식점, 2층은 살림집으로 되어 있다. 가구는 1층 삼량, 2층 오량가의 민도리집이다. 음식점인 1층은 기준층 공간에 기둥이 없는 높은 공간이 필요하여 뼈대를 철근콘크리트 구조로 하고 2층 슬래브 위에 초석을 놓았다. 기둥은 사각기둥을 세웠다.

대지가 평지이지만 중층으로 되어 있어 1층 현관이 있는 부분을 ㄴ자형의 행랑채로 배치하고 뒤쪽 2층에 ㄱ자형의 안채, 즉 살림집을 배치하여 마치 경사지의 튼 ㅁ자형의 집처럼 보이도록 하였다. 한옥과 현대적인 기능성을 만나게 하는 공법은 이제 시작이므로 좀 더 연구가 필요한 부분이다.

지붕 구성은 1층 행랑채는 맞배지붕, 2층 안채는 팔작지붕으로 하여 상황에 맞게 선택하여 변화를 주었다. 1층은 철근콘크리트 구조지만, 나무기둥을 세우고 수장재로 외부 마감을 하여 목조건축의 아름다움을 살렸다. 전통방식에서 2층에는 초석이 없지만, 2층 지붕이 바닥을 덮지 않으므로 초석을 놓아 기둥 하부의 훼손을 방지하도록 고려했다. 한옥의 전통미를 살리면서 동시에 창조적인 모습으로 진화하기 위해서는 전통과 현대를 조화롭게 접목하는 노력이 필요한 시점이다. 만나기 쉽지 않은 두 축을 만나게 해야 하는 것이 전통한옥을 보급하는 사람들의 몫이다.

자료제공_ 유타 건축사 사무소 031-721-1975

식당을 고려하여 접대공간을 넓게 하고 문을 이용한 자연채광도 고려했다.

1 내부는 한옥의 멋을 살릴 수 있도록 목재로만 구성했다.
2 가구는 1층은 삼량가로 하고 2층은 오량가의 민도리집이다.
3 계자난간을 둘러 사랑채의 풍류가 느껴지도록 했다.
4 우물정#자 모양인 우물천장. 소박하고 견고한 모습이 안정되 보인다.
5 무고주 오량가로 마룻바닥과 등은 현대감각을 살렸다.
6 현대적인 기법으로 2층에도 봉당처럼 여유 공간을 주었다.
7 2층으로 오르는 계단.

현대 한옥마을

3. 무안 약실마을 _{전남 무안군 몽탄면 약곡리}

약초를 캐며 살던 약실마을이 한옥마을로 거듭나고 있다

사방이 산으로 둘러싸여 약초를 캐며 살았던 전남 무안 약실마을이 한옥마을로 거듭나고 있다. 농사지을 농토가 없어 마을 주민들이 참취, 더덕, 도라지 등 산나물과 산약초를 캐서 생계를 꾸리던 빈촌이었다. 무안군 몽탄면 소재지에서 3km 정도 떨어진 승달산 자락에 자리 잡은 약실마을은 국사봉과 매봉산, 어류치 등 작은 봉우리들이 병풍처럼 감싼 전형적인 산촌마을이다. 소쿠리 형국을 하고 있어 아늑함을 준다. 마을이름도 산 주변에 약초가 많이 자라고 있다 해서 약실藥實이라 했다.

실지로 산초와 하수오가 자생하고 있다. 산초는 복부의 찬 기운으로 말미암은 복통, 설사와 치통, 천식, 요통에 쓰며 살충작용이 있어 옴, 버짐, 음부가려움증, 음낭습진 등에도 사용한다. 하수오는 붉은빛을 띤 갈색 덩이뿌리를 한방에서 하수오라고 하며 강장제·강정제·완화제로 사용한다. 잎은 나물로 하며 생잎을 곪은 데 붙여서 고름을 흡수시킨다.

원래 약실마을에는 천씨가 살았다고 하나 지금은 천씨와 관련된 흔적을 찾을 수 없다. 입향조는 무안 박씨 박무원이다. 공은 조선 개국공신인 박의룡의 후예로 현종 때에 해남에 살다가 약실마을로 들어왔다. '약실'의 '실'은 땅 이름 뒤에 붙이는 접미사로 골짜기란 뜻의 곡谷의 의미와 같다. 율곡栗谷 하면 '밤실'이고, 대곡大谷 하면 '한실'이다. 약곡藥谷은 '약실'이라 한다. 다시 말하자면 약초가 많이 나는 골짜기라는 의미다. 그런데 순수한 우리말이었던 약실이 소리와 의미가 같은 한자로 바뀌면서 약실藥實로 바꾸지 않았나 싶다.

아랫마을인 약곡1리는 박실이다. 예전에는 구박곡으로 불렸는데 약곡이 약실로 바뀌면서 박곡도 박실로 바뀌었다. 박곡이나 박실이나 모두 박씨가 사는 골짜기를 뜻하므로 박실朴實도 순 우리말로 '박실'이 맞다. 현재 박실에는 박씨뿐 아니라 타성도 살고 있으나 약실 마을에는 모두 무안 박씨뿐이다.

약실마을 입구에는 입향조의 손자인 처사 '박진형'을 기리는 정자가 있다. 매봉산, 어유치, 국사봉 등 세 개의 산을 의미하는 삼산정三山亭이다. 삼산정은 학문과 덕행이 높아 주변의 선비들로부터 추앙을 받은 박진형의 유덕을 사모하는 마음에서 그의 7대손인 박민화, 8대손인 박병욱이 중심이 되

어 1924년에 박진형을 위해 지은 정자다. 태풍에 파손된 것을 1941년 현 위치에 다시 지었다.

삼산정은 20개의 기둥이 받치고 서 있는 독특한 구조물이다. 삼산정 옆에는 입향조가 심었을 것으로 추정되는 당산나무가 있었다. 태풍에 가지가 부러지고 갈라지면서 죽었다고 한다. 이 당산나무가 있을 때는 당산제 등을 크게 지냈는데 그때 제를 올리면서 쳤던 농악은 몽탄면 제일의 솜씨를 자랑했다고 한다. 그러나 당산나무가 없어지고 1935년 마을에 교회가 들어서면서 당산제는 없어지게 되었다.

약실마을은 골짜기가 깊어 한국전쟁 때에는 피난처의 역할을 하였다. 또한, 호랑이 설화도 남아 있는 산 깊은 마을이다. 그래서인지 마을 뒤편에는 숯을 구어 목포에 내다 팔기도 하던 숯막이 있었다. 가는골에서는 도자기가 발견되는 등 주변에서 수많은 파편이 발견되고 있다. 그리고 마을에는 쪼빡샘이라 부르는 예쁜 이름의 공동우물이 남아 있다.

산 깊고 골 깊은 약실마을에는 유독 골 이름이 많다. 남아 있는 지명으로 세작골, 뒷골, 분정골, 시토골, 청라골, 어유치가 있다. 마을에서 달산리로 넘어가는 고개에 절이 있다 해서 절골, 디딜방아를 닮았다 해서 방에골, 마을에서 청룡리로 넘어가는 고개로 넘기가 되다 해서 된재, 중이 살았다 해서 중성골, 서당이 있어서 서당골 그리고 풍덕골, 개라골, 새터, 감난골, 윗영골, 아랫영골, 어계골, 버텅골, 작은 가는골, 큰 가는골 등의 이름이 남아 있다.

전라남도의 한옥시범마을 조성사업에 선정된 약실마을에서 한옥 짓기에 12가구가 동참하겠다고 나섰다. 외지인 유치

에 발 벗고 나서서 10가구가 입주를 희망해 2007년부터 한옥마을 건축에 착수하게 됐다. 한옥마을 조성을 통해 도시민 10가구 35명을 새 식구로 맞아들여 약실마을 주민 수도 38가구, 95명으로 늘었다. 현재 약실마을 한옥은 22가구의 한옥단지로 조성된다. 한옥에는 반드시 한 칸은 방문자 숙소로 조성, 민박집으로 활용하도록 했다.

이렇듯 약실마을이 전라남도의 한옥시범마을로 지정돼 한옥 촌으로 다시 태어나면서 귀농·귀촌이 줄을 잇고 있다고 한다. 2005년도에 두 개의 행정리로 분구되어 박실과 약실로 이루어져 있다. 약초를 캐며 살던 약실마을은 이제 다시 태어나 한옥마을로 자리매김해 나갈 것이다.

박광일 가옥 약곡리 271-2번지

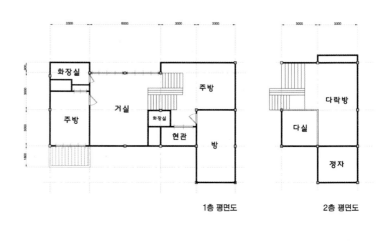

1층 평면도

2층 평면도

위_ 전통과 현대가 만나서 실용을 추구하는 현대적인 한옥이
탄생하고 있다. 자연과 잘 조화된 풍광이 내려다보이는 중층의 개량한옥이다.
아래_ 누마루로 꾸민 공간에서 외부를 바라볼 수 있도록 고려했다.

1 전통을 복원하여 현대적인 감각으로 다시 태어난 마을답게 세살분합문도 새로운 모습이다.
2 이층으로 연결된 실내모습.
3 구조가 웅장해 보이면서 시원스럽다.
4 취미실의 모습.

박석문 가옥 약곡리 273번지

0   2   5   10m

1

2   3   4   5

1 마을이름도 산 주변에 약초가 많이
자라고 있다 하여 약실藥室이라 했다. 지금은 한
옥체험마을로 다시 태어나고 있다.
2 문이 웅장하면서도 ㄱ자쇠, 감잡이쇠, 정첩으로
아기자기한 장식미를 보여 준다.
3 거실 모습.
4 천장과 바닥, 벽체가 같은 빛깔로 이루어져
좁지만 넓어 보인다.
5 천장을 창조적인 모습으로 구성하고
등도 천장 구성과 잘 어울린다.

4. 함평 오두마을 전남 함평군 해보면 대각리

아이 울음소리가 끊겼던 마을이 함평에서 유일하게 인구가 늘어나는 마을이 되다

도전하는 자만이 이룰 수 있다. 도전에 대한 실패는 없다. 실패가 아니라 경험한 것이다. 아무것도 하지 않으면 얻을 것이 없지만 도전한 자는 새로운 세계를 보게 된다. 전남 함평군 해보면 오두마을이 한옥마을로 다시 태어나고 있다. 한옥마을로 변신하면서 귀농·귀촌 지역으로 전국에서 주목을 받고 있다. 약초를 캐며 살던 빈촌에서 한옥을 지어 생활을 이끌어가는 적극적인 마을로 변모하고 있다. 도전해서 그 새로운 세계를 본 사람들은 새로운 도전에 더 적극적인 자세로 임한다.

오두마을은 지명도 재미있다. 함평咸平은 조선 태종 9년, 1409년에 함풍현과 모평현을 합치면서 함풍에서 '함咸'자를, 모평에서 '평平'자를 따와 붙여진 이름이다. 오두마을은 함평군에 속한 '해보면'이다. 지명대로 무엇이든 '해보면' 그 맛을 알게 되고, 그 맛에 길들면 적극적인 삶을 살게 된다. 도전에서 가장 중요한 것은 실행이다. 곧 해보면 된다. 해보면 오두마을 사람들이 그렇다. 역동을 경험해 본 사람들은 그 맛에 익숙해진다. 오랜 기간 약초를 캐며 생계를 꾸려온 사람들이 도전하면 꿈을 이룰 수 있다는 기쁨을 확인하게 되었다.

오두마을은 함평지역에서도 오지에 속했던 마을이다. 한때 85가구 300여 명에 달했던 동네가 이농현상으로 쇠락하면서 10여 가구 20명에 불과한 소규모 마을로 전락했다. 바보는 꿈만 꾼다고 한다. 성공하는 사람은 도전하는 사람이다. 마을이 존폐의 갈림길에 서게 되자 주민들 스스로 살기 좋은 마을 가꾸기에 발 벗고 나섰고, 지난 2007년 정부의 녹색농촌 체험마을 공모에 재도전 끝에 선정되고 나서 본격적인 마을환경 정비작업에 착수했다.

아이 울음소리가 끊긴 지 이미 오래되었던 마을이 전라남도 행복마을로 지정받아 한옥마을 조성사업을 시작하면서 오두마을을 일으켜 세우고 있다. 오두마을은 희망으로 다시 일어나는 마을이다. 함평에서 유일하게 인구가 늘어나는 마을이라는 소식만으로도 그 분위기를 충분히 읽을 수 있다. 한옥마을로 재탄생을 준비하는 것이다. 활력을 불어넣기 위해서 귀농·귀촌인 유치에 사활을 걸었다. 마을 내 야생화 공원인 '황토와 들꽃세상'과 한옥마

을 조성이 서로 상생관계를 이루어 폭발적인 효과를 만들어 내자 뜻밖에도 귀농·귀촌의 발길이 줄을 잇고 있다.

현재 오두마을에 건립할 한옥은 모두 19동. 신축하는 한옥 19동 가운데는 귀농·귀촌인 13가구, 30명이 새로 입주해 10여 가구, 20명에 불과했던 오두마을이 1년여 사이 30가구 50명으로 늘어났다. 오두마을에서 한옥이 주는 생활의 탄력은 컸다. 생활 터전으로 이용하면서 한옥의 뿌리를 잇고 생계의 한 방법이 되었기 때문이다. 한옥 체험마을로 지정되어 숙박을 제공하면서 수익이 창출되고 있다.

'황토와 들꽃세상'의 야생화 공원이 도시민들로부터 주목을 받자 마을이름을 아예 함평 나비골 오두 야생화마을로 바꾸고 추가로 한옥전원마을 조성을 추진하고 있다. 오두烏頭마을은 까마귀머리라는 마을 지명에 유래한 효자·효부마을의 전설과 학당 터, 개미성국 등에 대한 역사이야기를 발굴하고 농촌체험 행사도 접목시킬 계획이다. 여기에 7월과 10월 말 해바라기 축제와 '황토와 들꽃세상'의 국화 축제도 추진, 외지 관광객 유치를 통한 농산물 직거래 행사도 매년 개최해 오고 있다. 초가집과 기와집, 그네, 디딜방앗간, 우물, 빨래터 등 한국의 전통 농촌마을을 재현한 주제마을 '나의 살던 고향은'은 탄생의 축복을 누렸고, 이제 키우고 가꾸는 일이 남았다.

오두마을이 이렇게 활력을 찾은 이면에 극복해야 할 과제도 있다. 도시 이주민들이 원주민들보다 많아지면서 이들 사이에 의식과 문화 차이를 어떻게 극복하고 융합하느냐가 관건이다. 또한, 도시 휴양객들이 늘어나면서 농촌 주민들의 상대적 박탈감과 영농 의욕 상실도 주민들이 풀어나가야 할 숙제다. 특히 한

왼쪽_ 청도김씨 고택. 전우퇴가 있는 팔작지붕이다.
오른쪽_ 오두마을은 활발하게 다시 시작하는 마을이다. 함평에서 유일하게 인구가 늘어나는 마을이라는 소식만으로도 그 분위기를 읽을 수 있다.

함평 오두마을 **53**

옥마을이 들어서면서 땅값이 3, 4배로 뛰어올라 각종 마을사업을 추진하는데 걸림돌로 작용하는 것도 당면한 현안이다.

　사는 것이 축제여야 한다고 말하고 싶은 사람들이 모여 사는 곳이 오두마을 같다. '해보면' 결국은 크게 깨닫게 되는 '대각'의 까마귀머리 마을 사람들에게 이미 축제는 시작되었다. 전국 최고의 농촌체험 휴양시설을 목표로 4년간 피땀 흘린 김요한 목사의 '작품'이다. 돌담과 식물원, 나비·곤충 체험장, 들꽃 학습장, 대나무 숲, 초가집, 기와집, 디딜방아 등이 아기자기하게 들어선 생태주제공원은 폐교된 초등학교를 고쳐 지난해 문을 열었다. 여름날 오두마을 해바라기 축제처럼 마을의 축제가 되고 마을 사람들의 축제가 될 것이다.

　사람은 기본적으로 넘어지게 되어 있다. 넘어지면 일어나야 하는 것 또한 사람이 해야 할 일이다. 실패란 없다. 실패가 아니라 새로운 도전과 경험인 것이다. 어려운 점은 극복해 가면 된다. 새로운 도전, 한옥마을은 이제 시작단계다. 함평군과 오두마을 사람들이 힘을 모아 한마음으로 출발한 사업이 해바라기 10만 송이를 활짝 피운 그 노력과 마음처럼 계속 피어나기 바란다. 오두마을을 찾은 아이들의 얼굴이 노란 해바라기 물결만큼이나 환하고 아름답다.

1 오두마을은 함평군에 속한 '해보면'으로 지명대로 무엇이든 '해보면' 그 실행의 맛을 알게 되는 곳이다.
2 아이 울음소리가 끊긴 지 이미 오래된 오두마을이 전라남도 행복마을로 지정받아 한옥마을 조성사업으로 다시 일으켜 세우기를 시작했다.
3 박선숙 가옥. 오량가로 겹처마 맞배지붕의 개량한옥이다.

4-1. 박선숙 가옥 전남 함평군 해보면 대각리 회관 옆

창조적인 발전의 단계로 접어든 한옥이다

한옥은 나무와 흙으로 지어진 집이다. 친환경이 시대적 흐름인 요즘에 한옥은 사람에게 친근한 친환경 재료로 만들어졌다. 한옥이 가진 장점은 살리고 약점은 보완하여 새롭게 한옥이 탄생하고 있다. 창조적인 발전의 단계로 접어든 한옥이다. 한옥이 가진 자연성 중에서 세상과의 소통은 이어가야 할 덕목이다. 한옥은 집이라는 내부만의 공간으로 끝내는 것이 아니라 공간 확대를 통하여 주변의 상황을 집으로 끌어들이는 적극적인 소통을 하고 있다. 그뿐만 아니라 친환경 재료로 만들어져 있으며 사람과 자연의 화합을 모색하는 건축물이다.

언뜻 보면 어디에서도 과학적인 모습을 쉽게 발견하기 어려운데 살펴보면 과학이 곳곳에 담겨 있는 건축물이 한옥이다. 후원의 시원한 공기가 앞마당의 뜨거운 공기의 상승으로 말미암아 대청을 지나면서 바람을 불게 하는 원리와 지붕의 각도와 길게 내민 것은 겨울과 여름의 햇볕을 내부로 들이거나 차단하는 각도이며 처마의 길이가 만들어진 이유이다. 전기가 없던 시절에 한옥은 세계에서 가장 밝은 집이었다. 현대에는 다른 집들에 비해 어둡게 느낄 수 있지만, 전등불을 사용하는 현재의 한옥에 비교한 것일 뿐이다. 현대과학이 이룩한 것들을 수용하지 못한 상황에서의 가장 과학적인 계산 아래 만들어진 집이다. 우리 풍토와 우리의 상황에 맞게끔 지어진 집이다. 현대의 아파트에서는 빛을 피할 길이 없다. 처마가 없는 집이어서다. 태양의 복사열도 그대로 받을 수밖에 없다. 한옥은 벽면에 햇볕을 직접 받지 않도록 툇간을 설치하고 지붕의 길이와 각도를 조절하였다. 지붕으로 강한 햇볕이 내리쬐도 적심과 보토로 복사열을 차단하고 있다.

박선숙 가옥은 무고주 오량가로 정면 4칸 측면 2칸 맞배지붕 민도리집이다. 내부에 고주 없이 두 개의 평주에 대들보를 길게 가로질러 구성한 무고주오량가다. 밖에서 보면 단층집이지만 안으로 들어가면 상하공간을 적절히 이용하여 활용도를 높였다. 현대 한옥에서 즐겨 사용하는 방법이다. 상부에는 광창을 설치하고 다락을 만들었다. 한옥에서 가장 높은 곳이 다락이었다. 지금은 이층형식의 공간을 만들어 사용하는 것이 흔한 방법이 되었다. 창은 여닫이 세살쌍창으로 하고 내부는 알루미늄으로 이중창을 하였다. 단열효과를 높이기 위한 이중창은 오래전부터 전통적으로 사용하던 방법이었지만 지금은 알루미늄을 사용하여 견고성과 내구성을 강화시켰다.

집의 전·좌·우로 쪽마루를 둘러 이동에 편의를 주었다. 동선확보를 위한 것이기도 하지만 마루가 가진 기능성은 한옥의 큰 장점이기도 하다. 마루는 집안으로 들어가거나 밖으로 나설 때 잠시 머무는 공간이며 날씨로부터 보호를 받을 수 있는 공간이기도 하다. 또한, 사유와 성찰의 시간을 즐길 수 있는 공간이기도 하다. 낙숫물을 바라보며 세상에 대한 관망의 시간을 갖을 수 있는 한옥의 여유 공간이며 사유공간이다.

새로 지어지는 한옥은 다양한 변화를 주고 있다.
변화의 중심에는 편리성과 효율성이 우선하지만 전통의 새로운 변화도 있다.

박선숙 가옥은 한옥 민박을 염두에 두고 실마다 주방, 화장실, 다락을 갖추고 가운데 두 칸에 찜질방을 설치하였다. 한옥에 현대적인 요소를 적극 활용하였다. 마당 끝에 자리하던 뒷간은 수세식 변기와 정화조 설치로 집 안으로 들어올 수 있게 되었고, 마당우물이나 공동우물 대신 집에서 수돗물을 편히 사용할 수 있게 되었다. 또한, 부엌이 독립된 공간이 아닌 생활공간으로 흡수되어 아궁이 대신 난방과 온수시설을 내부에 갖춘 부엌생활로 편리함을 추구하였다.

1

2

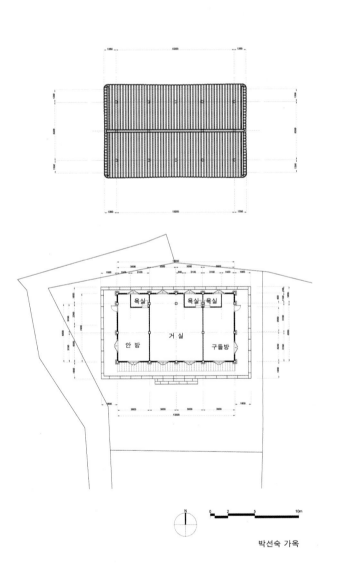

3

박선숙 가옥

1 석축을 이용하여 화단으로 조성하는 경우가 현대가옥에서는 흔하게 있다.
농경사회였던 과거와 달리 마당의 용도가 달라지는데 그 이유가 있다.
2 전통한옥의 맞배지붕과는 다른 모습을 보인다. 주인의 취향에 따라 새로운 시도도 다양하다.
3 계단 밑 공간에 조그만 찜질방을 만들었다.

1

2

3

4

1 높은 천장을 이용해 다락을 만들어 공간을 넓혔다.
2 한옥을 중층으로 지으면서 두드러진 점은
계단의 설치가 늘어나고 있다는 점이다. 계단의 배치를
한쪽으로 몰아 공간 활용을 크게 했다.
3 내부공간이 넓어졌다. 넓은 공간을 이용하려는
욕구를 충족시켜 주는 한옥의 내부 모습이다.
4 신한옥의 특징은 거실이 넓어졌다는 점이다.
전통한옥의 대청에 해당하는 공간인데 다른 공간과
연계성을 높여 활용도가 한결 커졌다.

4-2. 청도김씨 명가고택

전남 함평군 해보면 대각리 541
건축주 유준영

1852년에 지은 청도김씨 명가고택을 이전 복원하여 쉼터로 이용

청도김씨 명가고택이 펜션으로 변했다. 변화의 중심에 한옥이 있음을 본다. 오두마을은 국내 각 매체를 통하여 친환경 청정 지역인 장수마을로 알려졌다. 가장 오지마을로 알려진 기동마을 산 중턱에 황토집과 재래식 구들장으로 난방하는 전통한옥, 청도김씨 명가고택이 있다. 뒷동산을 정비하여 등산로를 만들고 야생화와 국화단지를 만들어 전통 웰빙타운으로 조성하였다.

전체 5채의 예가펜션은 각각 별채로 구성되었으며, 특히 청도김씨 명가고택은 서기 1852년에 지어졌다. '예가'란 오래된 한옥이라는 뜻이 담겨 있다. 순 우리말의 '예'와 한문의 '가家' 그리고 펜션pension이라는 영어가 만나 국적불명의 3개국 언어가 모여 합성어가 되었다. 전체를 우리말로 해석하면 '묵어가는 옛집'이 된다.

청도김씨 명가고택은 조선후기 종2품 벼슬을 한 청도김씨 가문에서 건축한 명가고택으로 문화재급 전통한옥이다. 전북 고창지역의 재개발 관계로 철거 위기에 있는 고가옥을 평소 골동품을 애호하는 건축주 유준영씨가 직접 국내 일류 도편수와 대목장 등 장인들의 힘을 빌려 1년여의 복원공사 끝에 2007년에 완료하였다. 150여 년 전 원형을 재현하여 문화재급 전통한옥을 펜션으로 일반인들에게 개방하게 되었다. 한 개인의 한옥 사랑이 맺은 아름다운 결과물이다. 정부가 다 하지 못한 일을 개인이 하기는 쉽지 않다. 한옥이 가진 불편한 점을 보완하고 개선해서 도시인들이 쉬어갈 수 있는 공간으로 꾸며 놓았다. 한옥은 있는 그대로 보전하기 어렵다. 생활공간으로 활용해서 전통한옥을 체험하고 나눌 기회를 마련하는 일이 필요하다.

특히 150여 년 전 본래 건물에서 자연석초석, 구들장까지 옮겨와서 재현하려 노력한 집주인의 정성이 돋보인다. 소품 하나도 빠뜨리지 않고 전통한옥 기법과 재료를 최대한 활용하였으므로, 전통미를 느낄 수 있고 따스한 구들방에서 최고의 생활체험을 할 수 있게 됐다.

청도김씨 명가고택은 1고주 오량가로 정면 6칸 반, 측면 2칸의 팔작지붕이다. 부연 없이 서까래로만 구성된 홑

처마 굴도리집이다. 왼쪽에서 두 번째 칸부터 칸마다 상인방과 하인방을 이용하고 문설주를 세워 여닫이 세살 쌍창을 달았다. 툇간의 규칙적인 배열에서 절도 있는 품위가 보이고 전퇴를 설치하여 긴 툇마루가 웅장해 보인다. 자연석기단에 자연석 몽돌을 이용해 초석을 삼고 그 위에 원기둥을 세웠다. 둥글게 모를 다듬은 것들이 모여 있어 집도 한결 부드러워 보인다. 각보다는 곡선이 심성의 안쪽에 머무는 것은 부드러움 때문이다. 한옥은 곡선보다는 직선이 더 많은 집이다. 지붕과 벽면 그리고 담장과 기단도 직선이다. 추녀의 예각도 약하게 곡면을 들렸지만, 직선의 집이다. 이러한 한옥에 기단, 초석 기둥의 곡면은 편안한 감성을 불러일으킨다. 외벽도 천연재료인 진흙에 백토만을 섞어 사벽砂壁 처리를 했다.

청도김씨 명가고택, 예가펜션은 칸마다 방을 만들어 한옥민박을 할 수 있도록 주방과 화장실을 들여 개량했다. 노인들을 위한 구들방도 있다. 특히 방안에서 느끼는 아늑함과 함께 덤으로 소나무 숲으로 둘러싸인 집주변 산과 30만 평의 정원, 1만 2천 평 야생화 공원을 조성하여 멋진 휴식처를 만들어 놓았다. 뒤뜰 솔밭은 숲이 우거져 삼림욕에도 좋고 잘 다듬어진 등산로가 있어 걷기에 안성맞춤이다. 방의 이름도 재미있고 기발한 착상이 돋보인다. 예술가의 방, 문학가의 방, 과거급제자의 방, 큰선비의 방으로 이름을 달아놓았다.

왼쪽_ 원기둥 사용과 고주의 높이에 품격이 느껴진다.
오른쪽_ 집 아래로 펼쳐진 풍경이 시원스럽다.

1

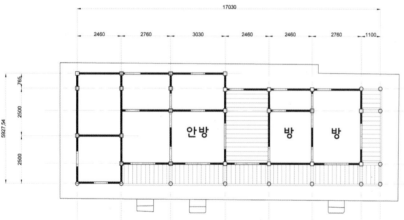

안방　　　　　방　　　방

청도김씨 명가고택

1 내림마루와 추녀마루 사이로 합각이 보이는 팔작지붕이다.
마루의 구성이 화려하고 빼어난 것과는 대조적으로
전체적으로는 소박한 한옥이다. 2단으로 쌓은 자연석기단
위에 덤벙주초로 자연스러움을 들여놓았다.
2 1고주오량가로 정면 6칸 반, 측면 2칸의 팔작지붕이다.
3 상인방과 하인방을 이용하여 양쪽에 문설주를 세워
문얼굴을 만들고 여닫이 세살쌍창을 달았다.

2

3

1   2

3   4

1 툇마루가 넓고 창호가 같은 모습으로 가지런하다.
2 툇마루에 걸린 여름 풍경이 시원하다. 툇마루는 밖을 더 지향하는 공간이다.
3 나무와 벽체가 만드는 두 색의 만남이 예사롭지 않게 어울린다.
위에는 수장고를 두었고 세살창을 이용한 등이 정감 있다.
4 기품을 흐트러뜨리지 않고 정갈한 모습을 갖추고 있다.

전통 한옥마을

5. 거창 황산마을

경남 거창군 위천면 황산리

평야지대에 자리하고 모두 기와집으로 이루어진 마을이다

양반마을임이 확연하게 한눈에 들어온다. 평야지대에 자리하고 모두 기와집으로 이루어진 마을이다. 양반이 아니고서는 기와집을 올리고 사는 것이 인정되지 않았던 시절, 고래 등 같은 기와집만으로 이루어진 집성촌이라는 점에서 예사롭지 않은 권세가 마을이었음을 확인하게 된다. 울고 들어가서 웃고 나오는 곳이라는 말이 전해질 만큼 산세가 험한 덕유산 줄기의 남쪽에 자리 잡았으나, 마을 앞의 너른 들판에서 나오는 풍부한 농산물과 인심은 웃고 나올 만큼 살기 좋은 곳이었다 한다. 또한, 신씨들의 동족마을이다. 동족마을이란 한두 동성동본의 성씨 집단이 특정 마을에 대대로 거주하면서 마을의 인적 구성뿐만 아니라 운영에도 주도적인 역할을 하는 경우를 말한다. 동족마을의 구성원들은 동조同祖 의식이 있고 동족결합을 유지하기 위한 여러 조직을 지니고 있다.

마을은 대체로 평탄하며 마을 동쪽에 흐르는 호음천을 중심으로 큰땀과 동촌으로 구분되어 있다. 마을 내 주택들은 대개 19세기 말에서 20세기 초에 건립되었다. 구한말과 일제강점기 지방 반가의 건축양식을 잘 보여 준다. 규모와 형식면에서 단연 돋보이는 '거창 황산마을 신씨 고가'는 시도민속자료 제17호로 지정되었다. 마을 전체는 약 50여 호로 거의 안채와 사랑채를 갖추고 있으며, 이렇게 한 마을 전체가 모두 기와집으로 무리지어 있는 것은 이른바 씨족 부농으로 소작마을을 별도로 두었기 때문이다. 소작이란 토지 소유자가 자신의 토지를 스스로 경작·경영하지 않고, 토지 이용권을 일정 조건에 농업 생산자에게 맡겨 토지 이용에 대한 대가로써 지대, 즉 소작료를 받는 제도다. 병작제는 왕실·양반 관료·사원 등의 대지주나 향촌의 사대부·향리 등이 농장을 개설하고 노비나 일반 농민을 모집하여 운영하는 예도 있고, 소규모 토지단위로 행해지기도 했다. 보통 병작반수제라 하여 농산물의 50%를 거두어 갔다. 우리나라뿐만이 아니라 세계적인 현상이었다.

마을에는 명품이 하나 있다. 마을 어귀에는 군 보호수로 지정된 폭 5m 이상, 높이 15m 이상의 수령 600년에 달하는 고목이 자리하고 있어 마을의 역사를 증언하고 있으며, 마을에서는 이 고목을 안정좌安亭座나무라고 부르고 있다. 나무가 주

는 위안과 상징성은 크다. 안정감과 더불어 여름날 그늘을 드리워 휴식을 제공해 주는 나무는 마을의 좌장이다. 황산마을 초입부터 느껴지는 푸근함은 단지 시골길이기 때문만은 아닌 듯하다. 나지막한 산세와 평야지대라 논두렁길을 따라서 걸어 들어가는 기분도 한몫한다. 마을 동쪽의 호음천을 따라 마을 주택들은 대부분 햇볕 좋은 남동향을 바라보고 있다.

2006년 문화재로 지정된 거창 황산마을 돌담길. 황산마을은 돌담길이 아름다운 마을이다. 토담 길이가 약 1,200m 정도 된다. 길의 변화와 돌담의 만남이 정담이라도 나누는 듯하다. 황산마을의 담장은 토석담이다. 토석담은 향토색이 짙은 담장으로 흙과 돌을 이용했다. 자연석과 진흙을 개어 굳힌 담장으로 황토 빛과 자연석의 어우러짐이 멋스럽다. 황산마을의 토석담은 담 하부 2~3척 정도는 방형에 가까운 제법 큰 자연석을 사용하여 진흙을 사춤하지 않고 대부분 메쌓기 방식으로 쌓았다. 메쌓기는 찰쌓기의 반대되는 말로 건성쌓기라고도 하는데, 돌 면을 잘 맞추어 빈틈없이 쌓는 것이 아니라 대충 빈 곳을 두어 가며 쌓은 것을 말한다. 사춤은 담이나 벽 따위의 갈라진 틈을 메우는 작업을 말한다. 이러한 쌓기 방법을 이용한 것은 도로보다 높은 대지 내 빗물을 담 밖으로 자연스럽게 배출하기 위한 것으로 보인다. 자연석으로 메쌓기 한 위에는 하부의 자연석보다 작은 20cm 내외의 돌을 담 안팎에 사용하여 진흙과 교대로 쌓아 올렸고 대부분 담장 상부에는 한식기와를 이었다. 근년에 쌓은 담장은 기존 담장과 달리 엇쌓기를 하였다. 마을의 시한당 앞 연못은 일반적인 한국 전통의 연못양식인 방지원도형方池圓島形이 아닌 원지방도형圓池方島形으로 구성되어 있어 독특하다. 하늘

왼쪽_ 집 안에 심은 나무 한 그루가 주는 위안은 크다.
오른쪽_ 토석담 너머로 멀리 산들이 중첩되어 산의 정취가 하나의 구도에 잡힌다.

거창 황산마을 🏛 63

은 둥글고 땅은 네모나다는 사상에서 비롯된 우리나라의 전통적인 연못 조형방식을 뒤집었다. 연못은 네모나게 만들고 가운데 둥근 인공 섬을 만들어 나무를 심는 방식을 어긴 것이다.

전반적으로 전통 고가와 어우러진 활처럼 휜 전통 담장 길. 황산마을은 600여 년 전에 형성되어 현재는 50여 세대에 130여 명이 거주하는 전통마을이다. 고즈넉하고 아늑한 느낌이 든다.

1 내가 흘러간 대로 길은 따라가고 집들은 길 결에서 오랜 세월 한 자리를 지키고 있다.
2 한옥은 자연과 만나면 상생의 역할을 한다.
나무는 홀로 우뚝 서서 한옥의 지붕 선과 돌담의 기와 선이 만나면서 보기 좋은 광경을 만들어 낸다.
3 담이 끊어지고 이어지고, 지붕 선이 주고받아도 서로 다투지 않는다.

1 솟을대문을 중심으로 세 개의 부분으로 나누어져
곡선으로 돌아가는 돌담이 잘 설계된 작품 같다. 길도
돌담을 따라 돌아가고 있다.
2 돌담이 마주 서 있다. 길은 제 길을 가고 있고 길은
담 사이에서 슬그머니 꼬리를 감춘다.
3 토속적인 담과 근대적인 바닥의 재료가 충돌하지 않고 어울린다.
끝에 보이는 출구가 아득하면서도 지나온 이야기를 들려주는 듯하다.
4 토석담에 문짝도 없이 문얼굴을 내어 놓았다.
어김없이 찾아온 것은 한옥이 만들어준 풍경이다.

5-1. 신씨고가 경남 거창군 위천면 황산리 487

지주의 집, 실용성을 중시한 파격을 이룬 집

황산 한옥마을에서도 규모와 형식면에서 월등함을 보여 주는 집이 신씨고가이다. 돋보일 만큼 크고 우람한 모습을 보여 주고 있다. 마을 중앙에 있는 신씨고가의 주인은 큰 지주였다고 한다. 너른 평야를 낀 마을에서도 독보적인 지주였음을 알 수 있을 만큼 규모도 규모지만 장식이나 가구구성이 예사롭지 않다. 능력 있는 장인을 만나는 것도 중요하지만, 장인으로서는 자신의 능력을 최고로 발휘할 수 있도록 경제적인 지원과 함께 재량권을 넘겨주어야만 특별한 주택이 탄생하게 된다.

시도민속자료 제17호인 '황산 신씨고가'는 안채, 사랑채, 중문채, 곳간채, 솟을대문, 후문 등으로 구성되어 있다. 남성의 영역이며 집에 들어서면 먼저 시선이 가는 곳이 사랑채인데, 신씨고가는 사랑채를 주목하게 된다. 사랑채는 궁궐이나 절에서 볼 수 있는 고급스러운 장식물로 꾸며져 있다. 당당하고 넉넉한 품새를 가지고 있다. 만만한 재력의 소유자가 아니었음을 느끼게 된다. 부잣집에 들어서면 그 규모에 압도당하듯 신씨고가는 규모와 고급스러운 장식 그리고 장인의 뛰어난 실력이 한눈에 들어온다. 보통 장인의 능력이 아니다. 창호의 미려함과 날렵한 솜씨가 보인다. 안목이 있지 않은 장인이라면 고도의 기능이 보이는 문 구성을 할 수 없다. 창호는 특히 예사롭지 않다. 궁궐이나 큰 사찰에서나 볼 수 있는 뛰어난 작품이다.

신씨고가는 파격적인 요소를 많이 지니고 있다. 왕조가 무너지고 양반의 권위는 이미 사라진 1927년에 지어진 집이라서 그런지 조선 전통가옥으로서는 격을 허문 곳이 여러 곳에서 눈에 띈다. 필요에 위한 평면구성을 볼 수 있다. 안채의 늘어난 방 수, 좁아진 대청, 집 안에 들어선 화장실 등은 전통한옥의 격식에서 벗어났다. 20세기 초 실용성을 중시하던 가옥의 변모된 모습을 보여주고 있다. 1920년대에 지어진 신씨고가는 격식의 해체, 실용성의 증가, 심화된 경제적 계층화 등 복합적인 사회현상의 일면을 확인할 수 있다. 나라를 빼앗기고 전통이 해체되는 과정에서 당연히 실용성이 우선으로 받아들여졌는데, 민가는 많은 제재가 있었으나 통제 기능이 사라진 상황에서 재력이 있는 지주는 고급스러운 목재와 석재 등 크고 화려한 것들을 자유롭게 선택할 수 있었다. 파격은 창조적이라기보다 규제를 벗어난 시점

에서 민가에도 자유로운 선택권을 줌으로써 한옥의 변화과정을 살펴볼 수 있는 귀중한 자료다.

사랑채와 안채는 모두 경남지방의 일반적인 주택양식인 홑집 대신에 겹집의 팔작지붕으로 지어 집주인의 부와 권위를 드러내고 있다. 7동으로 구성되어 있다. 잘 다듬은 커다란 돌로 쌓은 기단이 장대하다. 받침돌과 기둥을 받친 주춧돌 위에 설치한 기둥자리 등은 조선 중기 이전에는 권위 있는 양반 집안에서도 함부로 쓸 수 없는 것들이었다. 그 밖에 안채와 그 건물을 둘러싼 크고 화려하게 지은 부속건물들도 집주인의 경제력을 보여 주고 있다.

신씨고가의 돌담은 압권이다. 길이와 모서리를 특별히 만들지 않고 휘어지는 곡선이 길어 멋진 풍경을 연출한다. 황산마을의 담장은 대개 토석담이다. 방형에 가까운 제법 큰 자연석을 사용하여 메쌓기 방식으로 쌓았다. 자연석으로 메쌓기를 한 위에는 작은 돌을 이용하여 진흙과 교대로 쌓아 올렸다. 하단에 큰 돌을 쌓은 이유는 두 가지이다. 하나는 큰 돌을 쌓아 안정감을 주고 마당 내에 고이는 물의 배출을 위한 장치이고, 다른 하나는 빗물에 진흙이 떨어져 나가는 것을 예방하기 위하여 큰 돌로 쌓았다. 큰 돌 위에는 작은 돌과 진흙으로 쌓고 상부에 기와를 얹어 빗물에 의한 진흙의 흘러내림을 방지했다.

왼쪽_ 솟을대문에서 들여다보이는 것만으로도 집의 크기를 짐작할 수 있는 사랑마당이다.
오른쪽_ 안채 난간에 안주인은 없고 항아리만 턱 하니 올라앉았다.

위_ 원형초석과 초석 위의 기둥자리는 조선 중기 이전에는 벼슬이 높은 양반가에서도 보기 어려운 것으로, 궁궐이나 절에서 볼 수 있는 고급 장식물로 심화된 경제적 계층화를 짐작할 수 있다.
아래_ 문얼굴과 창살이 예사로움을 넘고 있다. 좋은 목재에 장인의 능력이 한껏 발휘된 창호다.

위_ 전통한옥에서 보기 드물게 조그만 정원에 작은 나무를 심었다. 안채의 중심을 이루는 마당이다.
아래_ 사랑마당에서 안마당으로 이어지는 중문채에 중문이 나 있다. 중문을 통해서 안을 들여다본 풍경이다.

20세기 실용성의 증가로 사랑채에 설치하던 누마루를 안채에도 설치하였다.

1 누마루로 오르는 나무계단과 둔탁한 계자난간이
격식을 해체하고 있다.
2 세로살 붙박이창으로 만든 수장고다.
3 취사용이 아닌 군불을 때기 위한 함실아궁이가
설치되어 있다.
4 계자난간. 닭의 다리를 닮아 계자라고 하는데
흔히 개다리라고도 불린다. 띠쇠로 계자다리와 난간을
보강하였다.
5 툇마루에 공간 확장을 하고 계자난간을 설치하였다.
6 외기와 연결된 눈썹천장과 가구구성이 한껏 멋을
부린 모양이다.
7 만살 광창이 길고 고급스럽게 만들어져 있다.
옆으로는 쪽문이 나 있다.
8 돌계단이 있는 측간. 측간의 높이를 높게 해서 변의
처리를 측면에서 쉽게 할 수 있도록 했다.
9 양쪽 지붕골이 만나는 회첨에 회첨추녀를 설치했다.
한옥에서는 방수처리가 주의 되는 부분이다.
10 살림집에서 하늘과 만나는 용마루는 착고, 부고,
적새로 이루어지나 격식의 해체로 이중으로 처리한
용마루가 특이하다.

6. 경주 양동마을

경북 경주시 강동면 양동리

신라 속에 조선의 양반마을

신라 속에 조선마을, 이렇게 이야기해도 지나치지 않다. 천년의 고도 경주에 조선의 전통을 간직한 마을이 있다. 양동마을이다. 무려 500년을 조선의 이름으로 살아왔음에도 경주는 왠지 신라의 마을이라 여겨진다. 그러나 양동마을에 가서 보면 확연하게 조선의 얼굴로 살아왔고 살아 있는 마을임을 느끼게 된다. 양동마을은 유가의 법도와 선비의 기풍으로 500여 년을 다져오면서 많은 문화재를 간직한 보기 드문 양반마을로 경주시 북쪽 설창산에 둘러싸여 있는 유서 깊은 마을이다. 조선조 신분질서의 상징물인 양반이 가진 힘은 500년을 이어 왔는데, 조선의 문화는 그런 양반이 주도해 왔다고 할 수 있다. 조선의 문화가 양반문화라고 하면 양반마을의 문화와 가풍을 생각하지 않을 수 없다. 양반문화가 잘 보존된 마을, 양동마을은 한국의 전통문화와 한국적 정취가 고스란히 살아 있다.

경주 손씨와 여강 이씨의 양 가문에 의해 형성된 토성마을로 손소와 손중돈, 이언적을 비롯하여 인재와 석학을 많이 배출하였다. 마을은 안계라는 시내를 경계로 동서로는 하촌下村과 상촌上村, 남북으로는 남촌과 북촌 4개의 영역으로 나뉘어 있다. 양반 가옥은 높은 지대에 있고 낮은 지대에는 하인들의 초가가 양반 가옥을 에워싸고 있다. 양동마을은 한국 최대 규모의 동성 촌락인 전통마을이다. 조선시대의 상류주택을 포함하여 500년이 넘는 고색창연한 54호의 기와집으로 이루어져 있다. 기와집과 더불어 잘 어우러진 110여 호의 초가는 조선시대의 생활상과 주거문화의 귀중한 자료이다. 또한, 우재 손중돈 선생, 회재 이언적 선생을 비롯하여 석학을 배출한 학문을 이어가고 있다.

양동마을은 경주시 중심 시가지에서 동북부인 포항 쪽으로 사십 리 정도 떨어진 형산강 중류지점에 있다. 경주에서 흘러드는 형산강이 마을을 서남방향으로 휘둘러 앉고 흐르는 형상이다. 마을 서쪽에는 마을의 부를 상징하는 평야가 넓게 펼쳐져 있고, 북동쪽에는 비교적 큰 한계저수지가 있다. 마을은 약 520년 전 손씨의 선조인 손소가 이 마을에 살던 장인인 풍덕 유씨 유복하의 상속자로 들어와 정착하면서 월성 손씨의 종가를 지어 번성하게 되었다. 현재 풍덕 유씨의 후손은 절손되어 외손인 손

씨 문중에서 제사를 지내고 있다. 또한, 손씨의 딸은 이 마을의 여강 이씨 번에게 출가하여 조선시대 성리학 정립의 선구적 인물인 이언적을 낳아 번성하게 되었다. 손씨는 이씨의 외가이면서 상호 혼인을 통하여 인척관계를 유지하고 마을 대소사에 협력했다. 그러면서도 보이지 않는 경쟁관계를 확인할 수 있다. 상대편보다 못하지 않다는 자부심의 표출로 정자나 서당을 짓는다거나 집을 지을 때 규모와 위치를 고려했다. 선의의 경쟁이었지만 안에서는 불꽃이 튀는 경쟁이었다.

양동마을은 문화재 수만 봐도 민속마을로서의 그 진가를 알 수 있다. 국보 1점, 보물 4점, 중요민속자료 12점, 유형문화재 2점, 기념물 1점, 민속자료 1점, 문화재자료 1점, 향토문화재 2점으로 모두 합해 24점이나 된다. 한 마을에 국보를 비롯한 문화재가 이처럼 많이 있는 경우는 안동의 하회마을 다음이다. 조선시대 양반마을의 전형으로 마을 전체가 1984년 12월 20일 중요민속자료 189호로 지정되었다. 또한, 세계적으로도 그 가치를 인정받아 안동 하회마을과 함께 2010년 8월 1일에 유네스코(UNESCO: 국제연합교육과학문화기구) 세계유산에 등재되는 쾌거를 이루었다.

명문가의 영광스러운 자취와 선조의 삶이 배어 있는 200년 이상 된 고가 54호가 보존되어 있다. 경상북도 경주시 강동면의 양동마을은 조선 오백 년의 양반문화와 현대문화가 함께하는 지역으로 8·15해방 직후까지도 양반집마다 한 집에 평균 한 집 반씩 노비들의 초가집이 3~5채씩 딸려 있었다. 그 외거노비들의 집은 가랍집·하배집으로 불렸다. 지금은 대부분 밭이 되었다. 양반가가 상부에 거주하고 노비들이 거주하던 가랍집은 밑

왼쪽 위_ 양동마을 가을 풍경. 양동마을은 한국 최대 규모의 동성 촌락인 전통마을이다.
왼쪽 아래_ 향단. 양동마을의 특징은 양반집은 능선을 타고 오른 높은 데 자리하고 있다.
오른쪽_ 고샅. 대나무가 길을 안내하고 있다.

에 자리하던, 주거공간에도 신분계층의 질서가 있었던 보기 드문 마을이다. 외거노비들이 거주하던 주변의 초가는 많이 없어졌으며, 현재 초가집에 사는 사람들과는 무관한 역사 속의 사실이 되었다.

마을의 가옥은 ㅁ자형이 기본형이며, 정자는 ㄱ자형, 서당은 ㅡ자형을 보이고 있다. 주택의 규모는 대체로 50평 내외이고, 방은 10개 내외이다. 사랑채는 대개 정자 형태로 지었으며 위패나 영정을 모신 사당이 있는 종가와 파주 손씨 집이 다섯 집이다. 별도로 지어진 영당 1동도 있다. 조선 중기 이후의 다양하고 특색 있는 우리나라의 전통가옥 구조를 한눈에 볼 수 있

는 고건축의 전시장이다. 지금으로 이야기하면 산동네라고 할 수 있을 야산의 위쪽에 양반 가옥이 들어서 있다. 보기 드문 예다. 양동마을은 유역도 넓고 한눈에 볼 수가 없다. 마을이 구릉으로 이어져 있어 구릉과 구릉 사이에 지어진 집들은 볼 수가 없다. 굳이 다 보려면 발품을 팔아야 한다. 가는 곳마다 전통이 남아 있고 조상의 숨결이 서려 있는 마을이다. 양동마을 사람들은 유교사상을 이어 가고 있다. 매년 4월과 10월에 제향일을 정해 선조를 기리는 의식을 마을 공동으로 거행하고 있다. 말 그대로 양동민속마을 자체가 살아 있는 유교문화의 유산 그 자체이다.

위_ 500여 년의 역사를 이어온 전통문화 보존 및
역사적인 내용 등에서 가치가 있는 마을이다. 특이하게
손孫, 이李 양 성이 때론 보이지 않는 경쟁의식으로,
때론 서로 협조하며 마을을 이루어 냈다.
아래_ 양반가의 집은 위로 보이고 그 집의 일을 도와주던
사람들의 집은 아래에 터를 잡고 있다.

1 양반집 한 채에 양반집 일을 돌던
노비들의 집이 4, 5채 어우러져 있으나
이제는 구분이 없어졌다.
2 양동마을은 4개의 마을로 이루어진
큰 전통마을이다.
3 양동마을은 넓어서 사람들이
다양한 곳에 터를 일궈 살고 있다.
고샅에 피어 있는 홍매화가 길을 안내하고 있다.
4 양반집마다 가람집·하배집이라고 하는
노비집이 딸려 있다.
5 초가집이 모여 있는 것이 정겹다.
6 마을과 마을을 이어 주는 길.

6-1. 무첨당 <small>無添堂 | 경북 경주시 강동면 양동리 181</small>

영남의 풍류와 학문이 무르익은 곳

무첨당을 들어가는 길은 정면에서 직선으로 들어가는 것이 아니라 경사를 따라 측면으로 휘어진 길로 들어가게 되어 있다. 건물 안에 들여다볼 수 없는 길의 흐름이 특별하다. 마당에 들어가 무첨당을 바라보면 오른쪽에 사당으로 오르는 길이 아주 시원하면서도 경쾌하다. 마치 하늘로 가는 길을 걷는 기분이 든다.

무첨당은 이언적의 종가 일부로 조선 중기에 세운 건물이다. 조선시대 성리학자이며 문신이었던 이언적의 부친인 이번이 살던 집으로 1460년경에 지은 여강 이씨의 종갓집이다. 이언적의 아버지 이번이 양동에 장가들어 어느 정도 기반을 잡은 후인 1508년에 살림채를 건립했고, 이언적이 경상감사 시절인 1540년경에 별당을 세웠다. 이언적의 본가이며, 여강 이씨 무첨당파의 파종가로서, 또 다른 분파들의 맏형격인 대종가로서의 역할을 해 왔다. 별당인 무첨당은 상류 주택에 부속된 사랑채의 연장 건물로 제사, 접객, 독서 등 다목적으로 사용된 건물로 별당의 기능을 중요시한 간결하고 세련된 솜씨의 주택이다.

무첨당無添堂은 이언적의 다섯 손자 중 맏손자인 이의윤의 호이며 '조상에게 욕됨이 없게 한다.'라는 뜻이라지만, '무엇 하나 보탤 것이 없다.'라는 뜻에는 다른 의미가 내포되어 있다. 자존과 엄격함을 담은 철학적인 뜻이 담겨 있다. 생의 이상을 표현한 것이기도 하고 무결점의 삶을 살아야겠다는 의지일 수도 있다. 오른쪽 벽에는 대원군이 집권 전에 이곳을 방문해 썼다는 죽필 글씨인 좌해금서左海琴書라는 편액이 걸려 있는데 '영남(左海)의 풍류(琴)와 학문(書)'이라는 뜻을 담고 있다. 직역하면 '왼쪽의 바다에 거문고와 책'이다. 왼쪽이라 함은 경복궁에서 남쪽을 바라보고 왼쪽에 있는 바다를 말하고, 거문고는 세상을 즐길 줄 알라는 의미이고, 책은 학문에 열중하거나 학문을 상당히 이루었음을 빗댄 말이다.

무첨당은 동쪽에 살림채, 서쪽에 별당인 무첨당 그리고 그 사이 높은 곳에 사당이 있다. 무첨당 우측에는 사랑채·안채·행랑채로 이루어진 튼 ㅁ자형 본채가 있고 , 이 본채

뒤편 높은 곳에 사당이 배치되어 있다. 무첨당은 정면 5칸, 측면 2칸 규모로 건물 내부를 세 부분으로 구분하여, 가운데 3칸은 대청이고 좌우 1칸씩은 온돌방이다. 온돌과 마루가 적절히 배치되어 사계절 이용에 불편함이 없도록 했다. 대청은 앞면 기둥 사이를 개방하고 누마루에서도 대청을 향한 쪽은 개방되어 있으며, 뒤쪽과 옆면은 벽을 터서 문짝을 달았다. 평면은 ㄱ자형을 띠고 있다. 대부분 하나의 기둥형태를 선택하는데, 무첨당은 원기둥과 사각기둥을 세워 방과 마루를 배치하고 있다. 건물의 정면과 주요 공간인 대청에는 원기둥을, 나머지는 사각기둥을 세웠다. 무첨당은 은퇴한 주인이 여생을 즐기는 별당으로써 기둥 상부의 공포 형식과 대공은 물론 난간·초석 등에 이르기까지 화려하다. 공간의 확장·조망 등 다목적의 들어걸개문을 적절히 시설하여 건물의 기능을 한껏 살린 뛰어난 집이다. 따뜻한 철에는 들어걸개문을 이용해 사방이 트인 공간을 무첨당 안으로 들이고 추운 철에는 문을 닫아 방처럼 아늑한 실내공간으로 이용할 수 있도록 했다.

이렇게 별당 건축의 기능에 충실하게 지은 건축물인 무첨당은 현재 양동마을의 대표적 인물인 회재 이언적의 유물을 보관하고 있어 의미 또한 깊다. 500년 정도의 세월을 견뎌 왔음에도 보존 상태가 좋다.

왼쪽_ 무고주 오량가. 파련대공과 가구구성이 감탄할 만큼 멋지다.
오른쪽_ 고살. 꽃이 핀 곳은 모두가 천국이다. 천국을 들이고픈 사람들의 열망이 봄볕에 곱다.

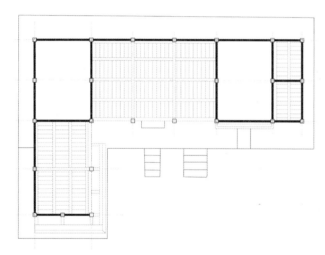

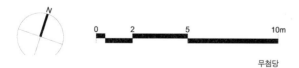

무첨당

위_ 무첨당은 정면 5칸, 측면 2칸 규모로 건물 내부를 세 부분으로 구분하여,
가운데 3칸은 대청이고 좌우 1칸씩은 온돌방이다.
아래_ 무첨당은 동쪽에 살림채, 서쪽에 별당인 무첨당 그리고
그 사이 높은 곳에 사당이 배치되어 있다.

1 기단의 자연석과 덤벙주초가
잘 다듬어진 계자난간과 잘 어울린다.
2 들어걸개문의 걸쇠가 처마 밑에 외롭다.
담장 너머 멀리 산이 보인다.
3 널판문과 연등천장.
정제미가 돋보이는 대청은
제사를 올리기도 한다.

1

2

3

1 대원군이 집권 전에 이곳을 방문해 썼다는 죽필 글씨인 좌해금서左海琴書라는 편액이 걸려 있다.
'영남(左海)의 풍류(琴)와 학문(書)'이라는 뜻을 담고 있다.
2 무첨당. '무엇 하나 보탤 것이 없다.'라는 뜻에는 다른 의미가 내포되어 있다.
자존과 엄격함을 담은 철학적인 뜻이 담겨 있다.
3 함실아궁이. 부뚜막이 없이 난방용으로 사용하던 아궁이를 가리킨다.

1 우물마루 마감 위 풍혈과 계자난간.
2 벼락닫이창. 위쪽이 삼배목으로 고정되어 있어 아래쪽을 밖으로 밀어 나무막대로 받쳐 고정하는 방식이다.
3 무첨당은 온돌과 마루가 적절히 배치되고 방의 천장에는 고미반자를 설치하여 사계절 이용에 불편함이 없도록 온화한 공간으로 만들었다.
4 담장에 대문을 설치할 때 기둥을 네 개 세워서 만든 맞배지붕의 사주문四柱門이다.
5 사당으로 오르는 자연석계단.

6-2. 서백당

書百堂 | 경북 경주시 강동면 양동리 223

하루에 '참을 인忍'자를 백 번 쓴다는 뜻의 서백당

서백당은 안골의 산 중턱에 자리한 손씨 집안의 대종가이다. 이 집은 마을의 입향조인 손소가 25세 때 월성 손씨 종가로 지었다. 1454년, 성종 15년에 건축한 집으로 역사가 깊은 집이다. 사랑채의 이름을 따서 '서백당' 또는 '송첨'이라고 하였다. 서백당의 서백書百은 하루에 '참을 인認'자를 백 번 쓴다는 뜻으로 사람이 세상을 살아가는데 얼마나 참고 견디어야 하는지를 대변하고 있다. 넘어져 보지 않은 인생이 어디 있으며 좌절해 보지 않은 삶이 어디 있겠는가. 500년이 넘게 서백당은 지금도 건재하게 서 있다. 서백당을 송첨松簷이라고도 하는데, 송첨은 소나무 가지로 이은 처마를 말한다. 처마 끝에 솔가지를 달아 여름날 햇볕을 가리고 비가 들이치는 것을 막아 주며 은은한 솔 향을 즐기려는 방법이다. 운치 있는 풍류가 느껴지는 이름이다.

서백당은 경북 경주시 강동면 양동마을의 경사지에 자리 잡고 있다. 건물을 정면으로 들어가지 않고 경사를 피해 가기 위해 길은 휘어져 들어간다. 손소의 아들 손중돈과 외손인 이언적이 이 집에서 태어났다. 서백당은 조선시대 초기의 한옥으로 오늘날까지 사용되는 드문 사례이다. 서백당은 안채와 사랑채가 ㅁ자형으로 결합한 본채, 행랑채, 사당 등으로 구성된다. 본채와 그 안마당은 모두 정방형에 가깝게 구성된 것이 특징이다. 막돌로 기단을 높이 쌓아 그 위에 집을 앉혔다. 거친 느낌이 오히려 당당하고 위세가 보인다. 500년이란 세월이 느껴지지 않을 만큼 잘 보존되어 있고 아직도 종손이 사는 집이다. 나무로 된 개인 집이 500년을 버텨 내고 있다는 것은 놀라운 일이다.

서백당은 본채, 행랑채, 사당의 세 영역으로 나누어졌다고 했는데, 행랑채가 一자형, 본채가 ㅁ자형, 그리고 사당채가 一자형이다. 본채는 행랑채와 전후로 나란히 배치하여 오른쪽 안쪽의 한 단 더 높은 곳에 자리하고 있다. 마당의 오른쪽인 사랑채 쪽에 작은 담을 쌓았다. 일명 내외담이다. '내외한다'라는 말이 있다. 내외란 남자와 여자, 또는 그 차이를 말한다. 또 남녀 사이에 서로 얼굴을 마주 대하지 않고 피하는 행위를 두고 하는 말이다. 내외담이란 남자와 여자가 한곳에서 생활하지 않는, 그 영역을 구별하기 위한 일종의 경계다. 여자는 안주인으로 안채에, 남자는 바깥주인으로 사랑채에 거주하는 것을 두고 하는 말이다.

一자형 대문채 안에 ㅁ자형의 안채가 있고, 사랑마당 뒤에는 신문神門과 사당이 있다. 문간채는 정면 8칸, 측면 1칸의 홑처마 맞배지붕이며, 기단 위에 자연석초석을 놓고 사각기둥을 세운 납도리집이다. 본채는 정면 5칸, 측면 6칸의 ㅁ자형의 평면으로 행랑채보다 상당히 높게 쌓은 기단 위에 자연석초석을 놓고 사각기둥을 세워 납도리를 받치고 있다. 안채 역시 기단 위에 자연석초석을 놓고 사각기둥을 세웠는데 대청 정면의 기둥만은 모두 원기둥 4개로 처리하였다. 특히 안방과 건넌방의 귓기둥과 측면 제2기둥에 각각 원기둥을 사용한 점이 특징이다.

마당의 오른쪽엔 손소가 집을 지을 때 심었다는 500년도 더 된 향나무가 있다. 오래되었다는 것을 한눈에 알아볼 수가 있다. 뒤틀리고 굵은 몸이 묘한 신비감을 준다. 서백당의 안채에 들어가 보면 맨 오른쪽에 작은 문이 있고, 여기에 '삼현선생지지三賢先生之地'라는 글귀가 있는데, 이곳에 세 사람의 현인이 태어날 것이라는 내용으로 풍수적으로 전해오는 말이다. 이곳에서 첫 번째 현인으로 이우재가 태어났고 두 번째로 이언적이 이곳에서 태어났는데 그는 외손이다. 손씨 집안의 사람들은 지금까지 두 명의 현인이 태어났다고 본다. 남은 한 사람의 현인이 손씨 집안에서 태어날 것으로 기대하고 있다. 이언적 이후로 친손이 아닌 외손이 큰 인물이 된다면 다른 문중에 현인을 뺏긴다고 해서 시집간 딸이 몸을 풀러 친정에 와도 해산은 다른 집에서 시키고 외부 사람이 들어와도 절대 보여주지 않는다고 한다.

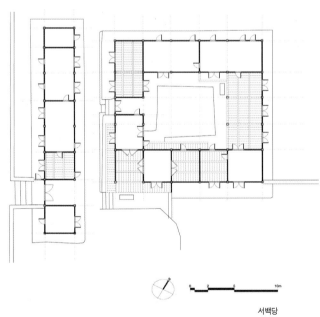

서백당

위_ 서백당. 서백書百은 하루에 '참을 인認'자를 백 번 쓴다는 뜻이다.
아래_ 고샅. 양반집들은 높은 곳에 있고 경사지에 집이 지어진 것이 양동마을의 특색이다.

松蕃

1

2

3

1 송첨은 소나무 가지로 이은 처마를 말한다.
처마 끝에 솔가지를 달아 여름날 햇볕을 가리고 비가 들이치는 것을 막아 주며
은은한 솔 향을 즐기려는 방법이다.
2 누마루의 시야가 시원하게 트였다.
3 나란한 행랑채와 본채 사이로 난 길을 통해 안채로 이어진다.
옷매무새가 단정한 여인의 마음처럼 빈틈이 없다.

1 내외담이 덩그러니 남았다.
예전에는 마당을 가릴 만큼이었겠지만
지금은 형체만 남아 있다.
2 안채로 드나드는 중문으로
막돌의 기단과 잘 다듬어진 장대석계단이
만나도 서로 잘 어울린다.
3 기단 위에 자연석초석을 놓고
사각기둥을 세웠는데 대청 정면의 기둥만은
모두 원기둥으로 처리했다.

위_ 대청마루에서 바라본 모습으로 중앙과 측면의 비례가 잠자리 날개를 단 듯하다.
아래_ 소반을 천장 높이에 맞춰 걸어 놓은 모습이 이채롭다.

1 화반동자주가 있는 삼량가 구조이다.
우물마루, 여닫이 세살청판문, 수장고의 배치가 아름답다.
2 쌍창 중에서 가운데 문설주가 있는 영쌍창으로
문얼굴에 보이는 뒤뜰이 아름답다.
3 불발기창. 사대부 집의 채광과 분위기는
세계 어디에 내놓아도 부족하지 않은 낭만과 절제를
동시에 가지게 한다. 문을 열면 산하가 들어오고 문을 닫으면
부드러운 햇살이 아늑하다.

1 마당에 안개가 끼었다. 마당을 지형에 따라 분할했다.

2 기단과 디딤돌 위의 여닫이 세살 쌍창, 그 위에 서까래가 단정하다.

3 장맛을 보면 그 집안이 잘 되는 집인지를 안다고 한다. 장독대는 한집안의 내력을 담은 곳이기도 하다.

4 엇걸이산지이음. 장부와 장부 간에 산지를 끼워 수평력과 저항력을 갖는다.

5 천성이 자연의 멋을 받아들이게 되어 있는 민족이 한국인인 듯하다. 어디를 보아도 해학을 아는 민족인 것만 같다.
천연덕스러운 디딤돌이 놓여 있다.

6 부엌 풍경. 소쿠리와 땔 장작이 보인다

6-3. 향단
경북 경주시 강동면 양동리 135

특이한 외관, 일반적인 격식을 과감히 벗어난 대담성이 보이는 집

양동마을에서 가장 널리 알려진 집은 관가정과 함께 마을 첫 진입에서부터 눈에 띄는 향단이다. 향단은 조선시대 성리학자 이언적이 병든 모친을 핑계로 벼슬을 사양하자 중종이 그를 경상감사로 임명하면서 모친의 병간호를 하도록 지어 준 집이다. 이언적이 경상감사 시절인 1540년에 건립한 집이다. 이언적에게는 아우 이언괄이 있었다. 이언괄은 벼슬을 마다하고 평생 노모를 모시고 집안을 꾸려 형의 출사를 도왔다. 이언적은 자신을 대신하여 모친을 지극히 모신 동생 이언괄에게 이 집을 선사했다.

이언적은 독락당에서 5년간의 은둔생활을 청산하고 다시 관직에 복귀하여 경상감사, 의정부 좌찬성 등의 고위직을 역임하면서 중년을 보냈다. 이언적은 경상감사로 재직하면서 이씨 종가에는 무첨당이라는 아름다운 별당을 지어 주었고, 유일한 동생 이언괄을 위해서 향단이라는 대저택을 선사했다. 원래 향단은 99칸이었으나 화재로 타고 현재는 51칸의 단층 기와지붕으로 남아 있다.

향단은 일반 가옥과는 다른 구조로 되어 있다. 본채를 月자로 하고 여기에 一자형 행랑채와 칸막이를 둠으로써 전체 평면은 用자를 이룬다. 이것은 用자가 日자와 月자가 합쳐진 모양이므로 하늘의 해와 달을 지상에 있게 함으로써 생기를 북돋워 그곳에 사는 사람들이 부귀공명을 누리게 된다는 사상 때문이었다. 행랑채는 정면 9칸, 측면 1칸의 기다란 맞배집으로 동쪽 두 번째 칸을 문으로 사용한다. 사랑채는 정면 4칸, 측면 2칸으로 중앙에 대청을 두고 좌우로 온돌방을 배치하였다. 사랑채 정면을 나란한 두 개의 맞배지붕으로 마감하고 풍판을 달았다. 외관이 멋지다. 안채는 두 개의 방이 안대청과 한 면을 접하면서 모서리끼리 만나고 있으며, 각 방의 서쪽에는 부엌이 딸려 있다. 그리고 특이하게 안대청이 안마당을 향하지 않게 하고 행랑채 지붕을 보도록 하였다. 집의 전체적인 분위기는 사대부의 검소함과는 거리가 멀다. 파격을 집 안에 들여놓았다. 독특한 개성은 전면 지붕 위로 노출된 세 개의 삼각형 박공 면이다. 검소와 소박을 내세우던 일반 사대부 집으로는 유례가 없는 형태다. 마을에서 가장 눈에 띄는 곳에 있으며 특이한 외관, 일반적인 격식을 과감히 벗어난 대담성이 보이는 집이다. 밖에서 보면 아주 크고 화려한 건물이지만, 내부에 들어가면 너무 답답하고 폐쇄적인 가옥구조이다.

향단은 관가정과 대립적인 위치에 있는 건축물이다. 물봉 서쪽에 관가정이 있는데 반면, 향단은 산등성이 동쪽을 차지했다. 이씨와 손씨 집안, 두 집안은 서로 협력하고 도와야 하는 관계이면서 서로 보이지 않는 경쟁 관계에 있었다. 관가정과 향단뿐만이 아니라 서당이나 정자 같은 것도 경쟁적으로 만들었다. 한 집안이 새로운 것을 세우면 다른 한 집안에서도 그에 대응하는 것을 세웠다. 향단의 규모도 마찬가지다. 규모는 관가정의 두 배를 넘는다. 향단보다 적어도 20여 년 전부터 있었던 '손씨 대종가'인 관가정에 대응하여 이언적이 이씨 종가를 이처럼 돌출적으로 부각시켜 지은 것은 특별한 의도가 있었다고 볼 수 있다. 협력과 경쟁이 마음 안에 함께 했음을 볼 수 있다.

향단의 외곽은 특별하다. 감춤이 없는 드러냄. 위치가 그렇고 과장하는 듯한 내세움이 그렇다. 건물 외관 전체를 드러냄으로써 마을에서 가장 눈에 잘 띄는 건물이다. 관가정에 대립 각을 세운 향단은 개성의 돌출로 빛나는 건물이다. 관가정은 겉으로는 폐쇄성과 소박을 들여놓았지만, 안으로는 개방성과 아름다운 풍경을 안고 있다. 반면 향단은 겉으로는 화려하고 웅장했지만, 안으로는 답답함과 폐쇄를 안고 있다. 양동마을에는 두 집안이 있어 더 다양하고 향기로워진 마을이다. 사람의 일은 사람의 일로 두고, 한옥의 아름다움은 한옥의 아름다움으로 받아들이면 다 같이 아름다운 일이다. 그들 두 집안의 경쟁으로 덕을 본 사람은 구경꾼이다.

왼쪽_ 벽체의 다락문과 벽장문이 정답다.
오른쪽_ 판벽. 향단의 행랑채 전체를 판벽으로 구성하였다. 벽선 없이 중인방과 하인방에 홈을 파고 판재를 끼워 넣었다. 단아하면서 품격을 갖춘 건축물이다.
한국 전통건축의 정제미와 창조성이 융합된 건축물로 돋보인다.

위_ 用자가 日자와 月자가 합쳐진 모양이므로 하늘의 해와 달을 지상에 있게 함으로써 생기를 북돋워 그곳에 사는 사람들이 부귀공명을 누리게 된다는 사상에 기인한다.
아래_ 향단과 마을 풍경.

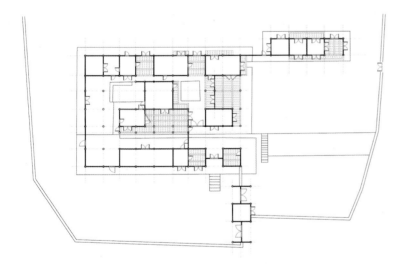

향단

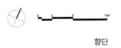

위_ 지형을 고르기만 하고 위계는 그대로 둔 채로 건물을 지어 자연스럽다.
아래_ 원래 향단은 99칸이었으나 화재로 타고 현재는 51칸의 단층 기와집이다.

1

2

3

4

1 향단의 대청 모습. 사랑채는 정면 4칸, 측면 2칸으로 중앙에 대청을 두고 좌우로 온돌방을 배치하였다.
2 좌우 대청의 만살문 사이로 세살청판문이 어우러져 간결하면서도 멋스럽다.
3 파련대공. 종보 위에 놓여 종도리를 받는 부재로 무늬를 넣어 화려하게 만들었다.
4 지형의 영향으로 단 밑에 새로운 단을 만들어 건축물을 지었다.

위_ 하늘이 열린 넓이와 마당의 넓이가 비슷하다. 빗물은 봉당 밖으로 떨어지고 그 선이 지붕의 처마선과 일치한다.
아래_ 향단은 폐쇄적인 구조의 한옥이다. 본채를 月자형으로 하고 여기에 一자형 행랑채와 칸막이를 둠으로써 전체 평면은 用자형을 이룬다.

1 안대청이 안마당을 향하지 않게 하고 행랑채 지붕을 넘어 마을을 보도록 하였다.
2 다락에서 방을 내려다본 모습.
3 넓은 다락을 수놓는 채광.

1

2

3

1 미닫이문. 한옥의 매력은 문얼굴 안에 들어오는 사물이 모두 풍경이 된다.
2 안마당에서 광으로 연결된 통로 모습.
3 향단은 전통한옥에서는 보기 어려운 전위적인 모습을 보이기도 한다.
4 누마루 밑의 모습. 누하주가 자연석초석에 놓여 있다.
5 문얼굴을 받친 모습이 귀엽다.
6 좌우 대칭이나 바닥과 천정의 구도가 치밀하다.
7 누운 목재가 마치 용틀임을 하는 듯하다. 이 나무의 쓰임은 향단에게서만 볼 수 있는 모습이다.
8 좌·우 대칭 통판문에 띳장을 데어 보강하였다. 문이 주는 품격이 예사 사대부 집과 다르다.

7. 고령 개실마을 경북 고령군 쌍림면 합가1리

백년에 한 번 꽃을 피운다는 대쪽 같은 선비의 마을

개실마을이란 이름에서 무언가 독특한 느낌이 든다. 개실마을은 무오사화 때 화를 입은 김종직 선생의 5대손이 1650년경에 이 마을에 피신하여 은거하며 살 때 꽃이 피고 아름다운 골짜기라 '아름다울 가佳', '골 곡谷'자를 써서 가곡佳谷이라 하였다 한다. 또 하나는 꽃이 피는 아름다운 골이라 하여 개화실開花室이라고 하였는데 음이 변하여 개에실이 되고 개애실로 변한다. 개애실 마을 중 아랫마을이라 하여 개실하가 또는 하가곡이라 하다가 지금은 개실마을로 되었다.

이름의 변화만큼 사람 사는 세상은 변화가 많다. 이곳에 찾아와서 꽃이 피고 아름다웠지만, 찾아온 사연은 가슴에 멍이 든 아픈 사연이다. 살아남기 위하여 숨어든 곳이다. 숨어든 곳이 아름다워도 되느냐고 물으면 할 말을 잃는다. 성리학의 영남학파 종조로 알려진 김종직 선생이 무오사화로 부관참시를 당하고 나서 혼망한 자손들이 내려와서 살게 된 집성촌이다. 부관참시剖棺斬屍란 죽은 자의 시신을 파내어 다시 형을 가하는 무시무시한 형벌이다. 죽은 자를 묘에서 파내어 죽이는 마당에 산 자를 가만둘 리가 없다.

무오사화 때 화를 입은 김종직의 5대손이 1650년경에 이 마을로 피신 와서 은거한다. 선비가 머무는 곳에 선비정신이 뿌리를 내릴 수밖에 없다. 본 대로 배우고 배운 대로 실천하려 한다. 선비정신은 되살아나고 피신처는 명문가로 다시 태어난다. 뿌리가 든든한 나무는 가지가 꺾여도 청정하다. 부관참시를 당했던 역적은 인조 대에 와서 복권되어 영의정으로까지 추증된다. 부관참시를 당하고 죽어서 이 세상에 없는 사람인 김종직이 벼슬을 다시 얻는 그렇게 변화무쌍한 곳이 바로 사람 사는 마을이다.

개실마을은 김종직과 직접적인 관련이 없는 자손들에 의해 마을이 시작된다. 하지만, 개실마을은 김종직의 숨결이 담기지 않은 곳이 없다. 한 사람의 운명이나 나라의 운명은 정도로만 가지는 않는다. 곡절과 고난이 뒤따른다. 산이 높으면 골이 깊다는 말은 이 세상에서 그대로 적용된다. 급속한 성공은 이를 시기하는 사람들에 의해 오히려 화가 되곤 한다. 사림파의 중심인물이었던 김종직이 그랬다.

점필재 종택은 조선 전기의 성리학자로 문장과 경술에 뛰어나 영남학파의 종조가 되었으며, 무오사화의 원인이 된 『조의제문』을 지어 부관참시까지 당하게 되었던 바로 그 김종직 선생의 종택이다.

김종직은 1431년에 태어나 조선 개국 100년이 되는 1492년에 죽는다. 죽음도 상징적이다. 조선 건국을 반대하며 은거한 길재의 정신적인 사통을 이어받은 사림파의 한 사람이었던 김종직이 벼슬길에 나아간다. 헌데 이에 위기를 느낀 것은 조선을 일으켜 세울 때 공을 세운 훈구파다. 조정의 요직을 장악하고 있던 훈구파는 사림파의 득세를 위기로 보았다. 사림파는 경계 대상이자 제거해야 할 대상이었다. 훈구파에 의해 사림파가 제거되는 사건이 무오사화다. 김종직은 성종 때까지 무려 다섯 임금을 섬긴 사람이었다. 23세에 진사시에 합격하여 벼슬길에 나아가 30여 년간 내외의 요직을 두루 거친 조정을 대표하는 성리학자 겸 문장가다. 그의 제거는 사림파의 몰락이었고 그의 복권 또한 사림파의 요청에 의한 조치였다.

개실마을의 대나무 숲은 김종직의 성리학적 윤리의 실천정신과 더불어 심은 조성림이다. 무오사화의 화를 입어 이주한 이곳 개실에서도 대나무를 심고 선비의 정신을 지키며 김종직의 가르침을 잊지 않으려 했던 후손들의 노력과 함께 마을의 350여 년의 세월을 느낄 수 있다. 대나무는 백 년에 한 번 꽃을 피우고, 죽을 때 한 번 꽃을 피운다고 한다. 겨울에도 푸름이 변함이 없다. 처음 대나무를 심었던 그 마음으로 대나무 숲을 가꾸고 지키며 살아가는 사람들이 개실마을 사람들이다.

왼쪽 위_ 점필재 종택. 김종직의 후손들이 일군 개실마을의 정신적인 중심이다. 김종직은 개실마을의 근원이다.
왼쪽 아래_ 화산재. 정면 6칸의 팔작지붕으로 효행을 추모하기 위한 건물답게 단출하고 수수하면서도 정제되어 있다.
오른쪽 1_ 화산재. 암키와와 수키와가 만든 해학적인 사람의 모습. 눈 부분은 담 너머를 살피기 위하여 만든 장치이다.
오른쪽 2_ 화산재 토축굴뚝. 세상을 참 편안하게 받아들이는 사람의 작품인 듯하다. 막돌로 마음 내키는 대로 쌓았다. 뒤로 보이는 풍경도 돌들의 축제장인 것을 확인케 해준다.

7-1. 점필재 종택
경북 고령군 쌍림면 합가리 84

죄와 벌이 시대에 따라 달라지고, 사람에 따라 달라지는 점필재 종택

김종직은 밀양 사람이고 그의 아버지 김숙자는 선산 사람이었다. 조선 초기에는 남자들이 결혼하면 부인이 사는 곳으로 가서 살았다. 고려시대의 풍습이 그대로 전해져 오고 있었다. 왕조가 바뀌어도 세상의 풍속은 한순간에 바뀌지 않는다. 사람은 그대로이고 왕조만 바뀌었으니 그렇다. 김종직의 어머니가 밀양 박씨여서 그도 밀양에서 태어났다.

김종직은 성종 때부터 정계에 진출하여 사림파들이 득세하던 시절 관직에 올랐다. 사림파는 고려 멸망과 함께 산림에 묻혀 학문에 열중하던 사람들이었다. 김종직은 정계로 진출하고 나서 후학들을 불러 모았다. 사림파가 급성장하자 기존의 중심 세력이었던 훈구파들이 사림의 세력을 견제하고자 일으켰던 일이 연산군 때의 무오사화이다. 훈구파는 조선 개국에 직접 참여한 인물들로서 사림파와는 다른 세계관을 가지고 있었다. 준비된 한판 대결이 다가오고 있었다.

이는 사초 때문에 발생했는데 바로 그 유명한 「조의제문」이다. 세조가 단종을 죽이고 왕위를 찬탈한 것을 '항우'가 초나라 '회왕'을 죽인 일을 빗대어 쓴 글이다. 이 글 때문에 김일손, 권오복 등이 죽임을 당했다. 그 칼날은 그때 이미 이 세상 사람이 아니었던 김종직에게도 날아왔다. 김종직의 무덤이 파헤쳐지고 시신이 참혹하게 찢기는 일이 벌어졌다. 무오사화는 많은 사림파의 죽음을 불러왔을 뿐 아니라 정치적인 후퇴를 가져 왔다. 중종이 즉위한 뒤에야 김종직의 죄가 풀리고 관직이 회복되었다.

개실마을은 김종직의 무덤이 '부관참시'를 당하고 그의 자녀도 다 죽임을 당하게 즈음 그들이 화를 피해 들어간 곳으로 현재 경북 고령군 쌍림면 합가1리, 바로 지금의 개실마을이다. 이렇게 개실마을은 아픈 역사적 사실을 간직하고 있다.

김종직 종택은 1985년 10월 15일 경상북도 민속자료 제62호로 지정되었다. 김종직은 조선 전기의 성리학자로 문장과 경술에 뛰어나 영남학파의 종조가 된 인물이다. 종택은 김종직의 5대손 김수휘가 1651년에 이곳으로 이주·정착하면서 신축하였다. 김종직과 그의 부인 하산 조씨와 남평 문씨 세 분이 입향되어 있다. 선산 김씨 문충공파에서 관리하고 있다.

종택은 안채·사랑채·중사랑·고방·대문간·묘우 등이 튼 ㅁ자형으로 배치되어 있다. 대문을 들어서면 사랑채가 있고 건물을 돌아가면 정면 8칸, 측면 1칸의 정침으로 안채가 자리하고 있다. 정침은 사각기둥 위에 삼량가 맞배지붕으로 뒤쪽에 툇간을 두었다. 서쪽으로부터 2칸의 부엌, 2칸의 방, 2칸의 대청과 건넌방이 있으며, 전면 좌측에 중사랑채와 우측으로 고방채가 있다.

종택의 사랑채는 일자형으로 동쪽 끝에 2칸의 마루를 두고 왼쪽에 방을 꾸몄다. 묘우에는 김종직의 불천위 신주를 모시고 있다. 전체적으로 동향이다. 건물 주변에는 흙과 돌로 된 담장으로 둘러쳐져 있고 정침 뒤편에 대나무 숲이 있다. 대나무 숲이 주는 대쪽 같은 선비 정신이 느껴지는 집이다. 안채는 1800년경에 사랑채는 1812년경에 지어졌다. 1992년 정침 기단과 담장을 보수하였고 세월과 함께 증축하고 개축하면서 오늘에 이르렀다.

왼쪽_ 방과 대청의 대비가 절묘하다. '문충세가文忠世家'라는 편액이 붙어 있는 방은 더욱 엄숙하고 대청은 그래도 여유롭다.
오른쪽_ 작은 조원을 마당에 들였다. 집안에 큰 나무를 심지 않는 것이 우리의 전통조경 방식이다.

고령 개실마을 101

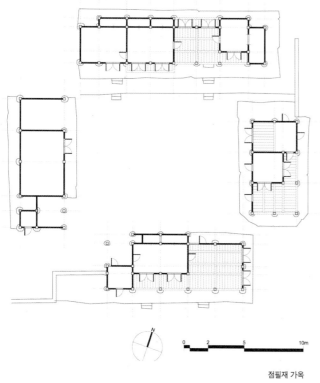

점필재 가옥

위_ 사랑채는 정면 5칸, 측면 2칸의 홑처마 맞배지붕이다.
평면은 —자형으로 동쪽 끝에 2칸의 마루를 두고 왼쪽에 방을 꾸몄다.
아래_ 흥예를 튼 대들보가 마치 보름달이 뜬 것 같기도 하고
덩실덩실 어깨춤을 추는 사람의 둥그스름한 어깨선을 닮기도 했다.

1 점필재 종택. 키 작은 나무가 서 있는 작은 정원. 마당은 전형적인 우리 전통한옥의
모습대로 비어 있다
2 문을 열어 놓으면 안과 밖이 하나로 소통한다.
3 대청마루는 원기둥, 툇마루는 사각기둥으로 했다.
아무리 더운 날에도 대청마루 머리에 앉으면 세상은 한결 여유로워진다.
4 우리의 한지는 요즘 즐겨 사용하는 간접조명 바로 그 느낌이다.
은은하면서도 부드러운 한지의 매력에 빠져들게 한다.
5 문충세가. 점필재 김종직의 시호가 문충이다. 문충은 성종으로부터 받은 시호다.
문장으로서 박식하고 나라에 충성하는 집안이 되라는 당부의 말이기도 하다.

8. 고성 왕곡마을 강원도 고성군 죽왕면 오봉1리

북방식 전통한옥과 초가집이 남한에서 유일하게 밀집되어 보존된 마을

남한의 최북단인 강원도 고성군에 전통마을이 있다. 왕곡마을이다. 1988년 우리나라 전통건조물 보존지구 제1호로 지정된 마을이다. 그만큼 의미가 깊은 마을이다. 옛것 그대로 시간이 멈춘 곳, 왕곡마을이라 광고하고 있다. 옛 문화 정서와 자연의 아름다움 속에 전통이 그대로 남아 있는 마을이다.

왕곡마을은 동해안과 설악산을 찾고 문화적 향취를 느끼지 못하는 사람들에게 이곳은 문화적 전통을 느끼게 해 주는 곳이다. 고성군 죽왕면 오봉리. 송지호 호수 뒤편에 있는 왕곡마을은 19세기를 전후하여 건립된 북방식 전통한옥과 초가집이 남한에서 유일하게 밀집되어 보존되어 있다. 왕곡마을은 국가 중요민속자료 제235호로 지정됐다.

북방식 한옥은 폐쇄적인 구조를 가진 한옥이다. 불을 지피는 부엌의 열을 최대한 이용할 수 있는 구조로 외풍을 피하면서 집 안에서 의식주가 해결되도록 한 가옥구조다. 소를 기르는 외양간도 부엌 옆에 두어 한기를 피할 수 있도록 했다. 여러 채가 겹으로 되거나 잇달린 집으로 한 개의 종마루 아래에 두 줄로 나란히 방을 만든 집을 겹집이라 한다. 북방식은 가능한 온기를 빼앗기지 않도록 추위를 피해 밀착하다 보니 집의 모양이 밀집형의 田자형이 되었고, 남방식은 바람이 통하고 방과 방이 떨어져 있도록 대청을 들인 一자형이 된다. 시원하게 개방된 마루가 발달한 남방과는 대조적인 가옥 구조다. 한옥은 남방의 마루와 북방의 온돌이 혼합된 구조로 이루어진 특별한 가옥 구조로 되어 있다.

왕곡마을 사람들은 마을을 둘러싼 다섯 개의 큰 산에 가려 마을의 원형이 보존되었다고 믿고 있다. 우리나라 옛 가옥의 구조를 보려면 왕곡마을은 중요한 의미가 있다. 지난 1997년에도 유네스코 관계자가 이곳 왕곡마을을 찾아 한국의 전통가옥을 둘러보고 극찬을 한 적이 있다. 이 마을이 이처럼 전통가옥을 그대로 보존할 수 있었던 것은 마을을 둘러싼 다섯 개의 큰 산에 가려 있어 외부로부터의 영향을 덜 받아서다. 한국전쟁 당시 한 번도 폭격을 당하지 않았다. 도로와 멀리 떨어져 있어 초가집을 헐어 내는 새마을운

동의 영향도 받지 않았다. 1996년 대형 화재였던 고성산불이 크게 일어났을 때도 부근의 산들은 대부분 불탔으나 왕곡마을에는 그 불길이 미치지 않았다. 이처럼 고성 왕곡마을은 복 받은 터에 자리 잡은 마을이다. 나라가 흥망을 오갈 때도 평화가 있었으니 더 그렇다.

관북지방에서 볼 수 있는 북방식 전통한옥 구조를 왕곡마을에서 만난다. 왕곡마을의 가옥구조는 안방과 사랑방, 마루, 부엌이 한 건물 내 수용돼 있으며 부엌에 마구간을 덧붙여 추운 지방에서 유리하게 지어진 구조다. 함경도를 비롯한 관북지방에서 흔히 볼 수 있는 구조로 바람을 막아 주는 뒷담이 높은 것이 특징이다.

왕곡마을에는 몇 가지 특별한 점이 있다. 첫째는 마을에 우물이 없다. 이는 마을 모양이 배의 형국이어서 마을에 우물을 파면 마을이 망한다는 전설 때문이다. 둘째는 어머니의 제사는 반드시 차남이 모시는 풍습이 있다. 마을을 형성한 고려 말 두문동 72인 중의 한 명인 함부열이 간성에 은거한 것에서 시작됐다고 한다. 함부열은 신분을 숨기기 위해 현재의 경기도 양평인 양근陽根 함씨로 본관을 잠시 바꿔 살았다고 한다. 그 후 그의 차남인 함치원이 이 마을로

왼쪽_ 왕곡마을 전경. 송지호 호수 뒤편에 자리한 왕곡마을은 19세기를 전후하여 건립된 북방식 전통한옥과 초가집이 남한에서 유일하게 밀집하여 보존되어 있다.
오른쪽_ 초가지붕과 휘어진 담 그리고 밭작물이 하나가 되어 어울린다.

이주해 자리를 잡고 마을을 형성했기 때문으로 알려졌다. 셋째는 음력 1월 14일에 오곡밥 아홉 그릇을 먹고 나무 아홉 짐을 하는 재미있는 풍습이 전해지기도 한다.

왕곡마을은 총 51가구에 150여 명의 주민이 대부분 농사를 짓고 산다. 기와 32동, 초가 9동이 있다. 해발 200m 이상인 5개의 야산과 송지호로 포근히 둘러싸인 마을. 마을 이름의 유래는 마을 뒤쪽의 오음산을 비롯해 두백산, 공모산, 순방산, 제공산, 호근산 등 다섯 개의 산으로 둘러싸인 데서 기인했다. 다섯 개의 산중 오음산伍音山은 그 정상에서 주변 마을인 장현리, 금성 왕곡리, 적동리, 서성리, 탑동리의 닭과 개 울음 소리를 들을 수 있어서 오음산이라고 전한다.

마을 어귀에 들어서면 수령이 150여 년을 넘은 노송 10여 그루가 서 있다. 거목이다. 왕곡마을은 그리 부자 동네도 아닌데 기와집이 제법 많았던 것은 더 안쪽의 구성리 마을에 기와를 만드는 가마가 있었기 때문이라고 한다. 마을 위쪽에는 강릉 함씨, 아래쪽에는 강릉 최씨가 집단으로 모여 사는데 함씨가 최씨보다 조금 더 많다. 이곳은 효자각이 2개나 있는 효자 마을이기도 하다.

위_ 왕곡마을 전경.
함경도를 비롯한 관북지방에서 흔히 볼 수 있는 구조로
바람을 막아주는 뒷담이 높은 것이 특징이다.
아래_ 길은 마을을 관통해서 지나가고
마을은 여전히 아름답다.

1

2

3

1 비가 내린 왕곡마을은 시원하게 젖었고
길은 길대로 떠나가고 있다.
2 활기찬 마을풍경이 사람 사는 마을 같다.
3 초가지붕과 벽선이 부드럽다.
초가만큼 부드러운 지붕을 가진 것은 없다.

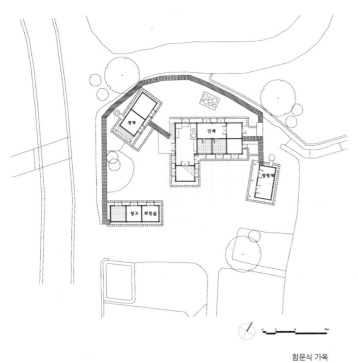

함문식 가옥

위_ 산을 등에 지고 지은 집과 넓은 마당. 사람이 살고 있다는 증거처럼 땔감용 장작이 쌓여 있다.
아래_ 판벽과 널판문이 집 전체를 두르고 있다. 특이한 것은 이어 지은 공간의 지붕 처리와 마무리다.
어색한 듯하면서도 어울린다.

1 안방과 사랑방, 마루, 부엌이 한 건물 내 수용된 겹집이다.
2 담이 벽이 되고, 담이 굴뚝 역할도 하는 제멋에 겨운 풍경이다.
3 오지굴뚝. 항아리를 얹어도 척하니 어울리는 한 쌍의 탑이다.
4 와편굴뚝. 기와로 쌓아올린 현대 조각작품이라고 해도 이의를 제기할 사람이 없다.
5 담 사이에 턱 하니 와편굴뚝이 앉았다. 자연스러움은 한옥의 미덕이다.
6 암키와로 쌓아 올린 와편굴뚝이 대접받고 있다. 새 기와를 얹었다.
7 지금도 아궁이에 불을 지피고 부뚜막 솥에는 밥 짓는 냄새가 고소한 마을이다.
8 합각의 무늬와 구멍이 눈에 띈다. 환기용으로 구멍을 뚫어 놓았다.

9. 나주 도래마을

전남 나주시 다도면 풍산리

조선 군사가 사흘 동안 먹을 식량이 있는 산, 식산食山에 자리한 마을

전통마을로 지정되는 의미도 중요하지만 숨어 있는 의미를 찾아내 같이 누릴 수 있다면 더없이 즐거운 일이다. 전체를 아우르는 통찰만큼 전통이 가진 멋은 새로운 세상을 열어 주기에 충분하다. 시민운동은 국가가 다 하지 못하고 남긴 부분이나 드러나지 않은 부분에 대해서 관심을 갖고 움직이기 시작했다. 비지정 전통마을 보전사업의 하나로 나주 도래마을 옛집이 시민 유산으로 선정되었다. 선정 이유는 전남지역의 대표적인 전통마을인 도래마을 중심에 자리 잡고 있고, 국가지정 문화재들 사이에 있으며, 한 길 높이의 돌담으로 전통마을의 분위기를 보존하고 있어서다. 공간 이용에 따라 칸살이를 자유롭게 배열하는 19세기 근대적 특성을 지니고 있기 때문에 주변 문화재 가옥들과 유기적인 관계를 맺을 수 있어서다. 선정 이유에 더하여 사대부집이 대부분 국가지정 문화재들로 지정되어 있고 큰 규모의 한옥인 반면, 시민유산으로 선정된 한옥은 비지정 문화재로 큰 규모에서는 느낄 수 없는 아기자기하고 친근감이 넘치는 공간으로 많은 사람이 공감하고 실제 살아왔던 우리가 경험한 시골집의 모습과 유사한 한옥이어서이다. 나주 도래마을 옛집은 안채와 문간채, 별채로 구성되어 있다. 안채는 이전의 전통한옥에서 볼 수 없는 안채와 사랑채가 통합된 한 채의 복합형 살림집 형태다. 이는 전통한옥에서 근대한옥으로 변화해 가는 특징으로 건축사에서도 가치가 있다.

한국 전통마을의 아름다움은 극히 한국적인 모습에서 찾아야 한다. 한국의 고궁을 보여주는 것과는 다른 멋스러움을 느끼게 하고 독특함에 빠지게 해야 한다. 생활이 묻어 있는 방과 부엌에서의 생활, 처음 보는 농기구를 직접 사용해 체험해 보는 것은 무엇보다도 뜻 깊은 일일 것이다. 재단법인 내셔널트러스트 문화유산기금은 시민모금 약 1억 원으로 나주 도래마을 옛집을 사들였다. 이후 국무총리 산하 복권위원회로부터 복권기금 약 6억 원을 문화재청을 통해 지원받아 도래마을의 보수 및 복원을 마쳤다.

도래마을은 행정구역상으로는 전라남도 나주시 다도면 풍산리인데 나주시보다 화순이 더 가깝다. 마을의 맥이 세 갈래로 갈라져 '내천川'자 형국을 이룬다 하여 '도천마을'로 부르기도 한다. 고려 때는 남평 문씨, 조선 세조 때는 한성 우윤 최거가 살았으나, 중종 때 풍산 홍씨 홍한의가 기묘사화를 피해 이곳에 정착하면서 풍산 홍씨의 집성촌이 되었다. 지금도 절기마다 집안을 가리지 않고 마을공동으로 잔치가 벌어진다.

조선시대 가옥이 많이 남아 있는 전형적인 한옥마을로 마을 뒤쪽에 있는 주산은 조선 군사가 사흘 동안 먹을 식량이 있는 산이라 해서 이름이 식산食山이라고 했다. 마을 앞에는 드넓은 들판이 펼쳐지는 전형적인 배산임수형의 풍광이 뛰어난 마을이다. 도래마을의 대표적인 건물로는 풍산 홍씨의 종가인 홍기응 가옥, 홍기헌 가옥, 홍기창 가옥, 홍기종 가옥이 있다. 이 모두 18세기 말에서 20세기 초에 지어진 가옥으로 조선시대 사대부 주택의 전형을 보인다. 그 외에도 임진왜란 당시 이 마을 출신 최시형과 함께 공을 세웠던 의병장 홍민성의 양벽정, 임진왜란 당시 의병장으로 나갔다가 귀향하여 지은 홍민언의 귀래당, 한때는 사립학교로도 사용되었지만, 지금은 마을 회의장으로 쓰이는 영호정, 은둔처로 삼고 마을에서 조금 올라가서 식산 기슭에 서 있는 계은정이 있다.

도래마을은 마을지誌인 「도천동지道川洞誌」를 만들 만큼 오랜 역사를 간직한 마을로 기와집과 현대가옥들이 어울려 있고 집들 사이로 돌담길이 있어 옛 길의 정취를 느낄 수 있다.

나주 땅을 이야기할 때는 나주 읍과 함께 또 하나의 중심인 영산포가 있는데 1975년까지 배가 드나들던 포구였다. 지금은 상류에서 쏠려 내려온 토사로 바닥이 높아지고 상

왼쪽_ 망와와 머거불 위로 하늘이 축제 중이다.
오른쪽_ 토석담 너머로 정면 5칸의 홑처마 팔작지붕이 보인다.

나주 도래 마을 111

류와 중류에 나주, 장성, 담양, 광주호가 만들어져 수량이 줄고 영산강 하굿둑이 완공되어 배는 다니지 못하게 되었다. 그러나 영산포는 고려시대부터 조선 중종 9년, 1514까지 조창이 있어서 주변 일대의 조세와 물산, 사방의 상인이 모여들었던 곳이다. 1897년에 목포항이 개항된 뒤로는 목포항을 통해 들어온 외래문물이 영산강 뱃길을 따라 영산포를 거쳐 전남 내륙으로 흘러들었다. 1914년에 대전과 목포를 잇는 호남선이 놓이고 영산포역이 생기면서는 일제의 조선 수탈 창구의 하나가 되기도 했다. 그 이래로 영산포는 교통의 요지가 되었다. 나주에는 나주평야만큼 유명한 것이 여럿 있다. 우선 결 고운 무명베, 단단하고 간결한 멋을 자랑하는 나주반, 못생겨도 맛이 좋다는 나주배가 유명하다. 도래마을은 또 하나의 나주 명물로 탄생하기 위한 마무리에 한창이다.

1 양벽당. 시원스러운 담장과 중층 누각건물이 시선을 끈다.
마을 뒤쪽에 있는 주산은 조선 군사가 사흘 동안 먹을 식량이 있는 산이라 해서 이름이 식산食山이라고 했다.
2 양벽당 누문. 중층 누 건물 아래 설치한 출입문이다.
3 흥기헌 가옥. 정면 4칸 반, 측면 2칸의 팔작지붕 민도리 집이다.
앞마당에 파초, 동백나무, 단풍나무, 옥잠화를 심어 조원을 꾸몄다.
4 흥기헌 가옥. 그늘이 마당을 덮고 하늘은 높다. 햇볕을 담은 벽체가 홀로 환하다.

9-1. 홍기응 가옥 전남 나주시 다도면 풍산리 155

사랑마당에 상징성 위주로 심은 조원 기법이 특별하다

전통적인 조경을 그대로 보여 주는 정원이 아름다운 집이다. 누마루와 사랑방을 중심으로 꾸민 사랑마당에 상징성 위주로 심은 조원 기법이 특별하다. 남쪽 담장 쪽에 화계가 있는데 가운데는 자손의 번영을 상징하는 석류나무를 심고, 동쪽 끝에 절개와 옛 벗을 상징하는 매화나무를 심었으며, 서쪽 끝에는 부귀와 영화를 바라는 배롱나무가 서 있다. 나무에 의미를 부여하고 집안이 잘 이루어지기를 바라는 주인의 마음을 엿볼 수 있다. 석류나무는 고급스러운 품종으로 터질 때의 아름다움도 좋지만, 나무의 모습이 품위가 있어 더욱 좋다. 중앙의 석류나무 양쪽에는 괴석을 놓고 선비의 기상을 상징하는 동백나무와 목련을 심었다. 사랑방 앞 화계에는 파초를 심었고 그 서쪽에 모과나무 한 주가 서 있다. 요즘에도 잘 꾸민 집에나 들일 수 있는 나무들이다. 석류나 모과의 수형은 나무에 잎이 다 떨어지고 나서도 대견스러울 만큼 멋지다. 집 바깥의 울창한 대나무 숲과 한옥이 잘 조화되는 홍기응 가옥은 사랑마당의 조원 등 기능별로 구획한 공간구성이 맛깔스럽다. 또한, 안채 뒤뜰에는 낮은 담장에 장독대를 설치하였으며 그 왼쪽에 2단으로 된 낮은 화계를 만들어 대추나무를 심었다.

홍기응 가옥은 도천마을의 종가로서 마을 안 깊숙한 곳에 자리하고 있다. 상량문의 기록으로 보아 안채는 고종 29년, 1892년 건립되었고 사랑채는 1904년에 건축된 것으로 여겨진다. 백 년이 넘은 집이다. 건물은 서향하여 직선 축으로 배치되며 종선 축의 깊숙한 곳에 一자형의 안채가 가로로 놓이고 안마당을 사이에 ㄱ자형 사랑채가 배치되었는데 축은 맞추었으나 방향은 직각으로 틀어서 남향하였다. 사랑채 앞은 담장을 둘러 구획하고 一자형 대문간을 두었다. 안마당 북쪽에는 헛간채를 두고, 사당은 안채 남쪽에 안채와 나란히 배치하고 담장을 둘러 구획하였다. 사랑채 역시 따로 담장을 쳐서 공간을 구획하였다.

솟을대문을 들어서면 가장 먼저 접하는 행랑마당은 통로를 배려한 공간으로 좁게 하였다. 행랑마당 우측에 일각대문을 통하여 안채와 연결되고 동쪽의 일각대문을 통하여 사랑마당과 연결된다. 사랑마당으로 들어가는 일각대문 좌측 내담에는 수키와를 사용하여 만든 작은 구멍이 있다. 구멍의 용도가 재미있다. 구멍은 행랑마당을 출입하는 사람들의 동정을 사랑마루에서 알아볼 수 있고, 폐쇄적 사랑공간과 행랑공간의 연결기능을 하기도 한다. 사랑채는 6칸 ㄱ자형 전후퇴집으로 서쪽으로부터 누마루, 사랑방, 부엌과 꺾어져서 사랑대청, 작은 사랑방으로 구성되어 있다. 사방이 장지문인 누마루는 여름철 접객공간으로 쓸 수 있도록 꾸몄다. 문을 들어 걸면 사방이 확 트인 공간이 된다. 세상의 중심에 앉아 세상을 만나는 기분이 들게 하는 구조다.

안채의 대청은 안대청과 바깥대청으로 구분되게 하였는데, 안대청은 뒷벽 없이 개방하여 뒤뜰을 바라볼 수 있도록 꾸몄고 바깥대청 전면은 창호시설을 하였다.

사랑채. 건물배치의 축은 맞추었으나 방향은 틀어서 남향하였다.

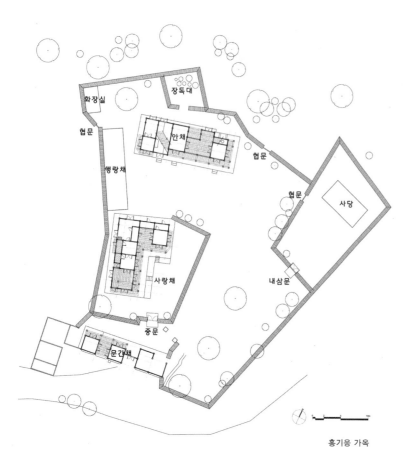

홍기응 가옥

1 사랑채는 6칸 ㄱ자형 전후퇴집으로 서쪽으로부터 누마루, 사랑방, 부엌과 꺾어져서
사랑대청, 작은 사랑방으로 구성되어 있다.
2 사랑채. 자연석 기단 위에 쪽마루가 시원하다.
3 널판을 세워 만든 판벽 사이 머름 위로 여닫이 세살 쌍창을 달았다.

1 기단 밑으로 흰꽃나도사프란를 심어 경계를 삼고 빗물이 튀는 것을 막아주고 있다.
2 여닫이 세살청판분합문에 '만권'자 문양이 독특하다.
처마깊이는 여름 볕은 피해 주고 겨울 볕은 받아들이는 정도의 경사와 길이를 가지고 있다.
3 툇마루. 저녁이 되면 햇살이 벽을 비추면서 기울어 간다.
4 집안에 이러한 장식을 하는 경우는 드문데 독실한 불교신자였음을 보여 준다.
5 솟을대문. 기와는 새로 이었으나 낡은 대문은 그대로다. 하늘빛이 고와 다 받아들일 수 있다.
6 사주문. 나비장이음을 한 문설주와 원형 위 팔각모양의 장주초석이 아름답다.
옆으로 돌담이 다른데 몇 번은 무너지고 쌓았을 것으로 보인다.
7 새로 쌓은 토석담과 햇살을 받은 지붕 모습. 토석담에 수키와로 구멍을 내어 밖을 관찰할 수 있도록 했다.
8 화단은 작지만 나름 신경을 써서 가꾸었다. 석류나무, 단풍나무, 동백나무와 옥잠화, 상사화 등 야생화를 심었다.

9-2, 홍기헌 가옥 전남 나주시 다도면 풍산리 40-1

전통한옥에 살며 집안 내림 음식을 지켜가는 안송자 씨

산을 옆에 끼고 마을이 있지만, 마을은 평지에 지어졌다. 높지 않은 담장과 진흙으로 돌을 쌓은 담장이 편안하고 황토 빛이 주는 정감이 푸근하다. 중심 맨 안쪽에 안채가 있고 안채 앞 북쪽으로 곳간채가 있는데 곳간庫間은 살림살이나 온갖 물건을 넣어 두는 곳으로 창고 용도로 사용된다. 안채의 중앙에 안마당을 사이에 두고 사랑채가 있다. 사랑마당 앞에 대문채를 두어서 안마당으로 출입하려면 사랑채의 남쪽 측면을 지나게 된다.

홍기헌 가옥은 사랑 공간과 안 공간을 따로 구분하지 않았으나 사랑채에 의하여 자연스럽게 구분되도록 배치되어 있다. 사랑채는 당시에 호화주택으로 법에 위반되었다는 일화가 전해진다. 기단을 높이 쌓은 것 말고는 다른 곳에서도 흔히 볼 수 있는 정도인데 무엇이 호화주택이었는지 궁금하다.

안채는 정면 6칸의 전후우퇴집이고 왼쪽 2칸을 부엌으로 하고 전면 모서리 퇴에는 부엌방을 만들었다. 다음은 큰방이며 중앙 2칸은 대청이다. 대청 윗간 후퇴에는 고방을 배치했으며 다음이 건넌방인데 후퇴에 작은 부엌을 두었다. 구조는 2고주 오량가로 전면 툇마루 기둥은 원기둥으로 되었다. 덤벙주초에 막돌허튼층쌓기 기단이며 팔작지붕이다.

사랑채는 정면 4칸의 전후우퇴집으로 꾸몄으며 대청을 한쪽으로 시설한 남도방식의 건축이다. 전퇴와 우퇴는 툇마루가 놓이고 대청은 정면과 측면을 터놓았다. 구조는 2고주 오량가다. 기둥머리 위에 주두를 얹고 대들보를 받았으며 보아지를 끼웠는데 쇠서 없이 당초무늬를 새겼다. 쇠서는 소의 혀를 닮아서 붙여진 이름이다. 공포에서 보 방향으로 얹어 첨차와 직교하여 짜고 끝을 소의 혀 모양으로 오려낸 부재다. 도리는 굴도리이며 대공은 사다리꼴 판대공이다. 기단은 막돌허튼층쌓기를 하고 초석은 덤벙주초로 하고 위로 사각기둥을 얹은 팔작지붕이다. 전체적으로 아담하고 고졸한 느낌이 든다. 대문채는 5칸 겹집구조로서 오른쪽으로부터 대문간 2칸, 광, 헛간, 잿간으로 이루어졌는데 이것은 근래에 만들어졌다.

전통이 살아 있는 집에 살면 그곳에 사는 사람도 전통을 안고 사는가 보다. 홍기헌 가옥에 거주하는 안송자 씨는 풍산 홍씨 23대손에 시집와 집안 내림 음식을 지켜내는 분이다. 안송자 씨는 2000년 순천 낙안읍성에서 열린 '남도음식문화 큰잔치'에 전과를 출품해 전통음식부문 대상을 받는 등 솜씨를 인정받은 실력파다. 2004년까지 10여 차례 음식을 출품하고 특출한 솜씨로 맛깔스런 남도음식문화를 한 차원 높이는 데 공헌했다며 공로상도 받았다. 농촌지도소나 광주지역 요리사들의 초청을 받아 정과나 기정떡 등 집안 내림 음식 만드는 법 강의도 수차례 하는 등 나주지역에서는 유명한 전통음식 전수자다. 우리의 음식이 인제 주목을 받기 시작했다. 우리의 한옥뿐만이 아니라 한옥이 세월에 익은 만큼 음식문화도 발전 계승해야 할 문화다.

왼쪽_ 기둥머리 위에 주두를 얹고 대들보를 받았으며 보아지를 끼웠는데 쇠서 없이 당초무늬를 새겼다.
오른쪽_ 기둥밑을 새로 해 넣었다. 나비장이음이 참하다.

위_ 더운 지방에서 볼 수 있는 동백나무와 파초가 서 있다.
조경은 잘 자라는 그 지방의 나무를 심는 것이 일반적이다.
아래_ 사랑채가 집의 위치로는 중심을 이루지만 한옥에서 중심은 뒤편에 자리한 안채다.
우리의 전통적인 사고에서 중심은 물리적인 중심이 아니라 심정적인 중심을 말한다.

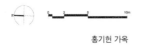

홍기헌 가옥

1 외기 위에 노출된 마족연. 한옥의 천장은 어지러운 듯 보이지만 질서가 분명하다. 한옥의 특별함은 집을 구성하는 부재가 그대로 들어난다는 점이다.
2 기와지붕과 초가지붕의 공존. 위계는 한옥에서 보편적이었다.
3 3칸 초가에 소박한 생활이 그대로 묻어 있다.
4 빗살청판문의 색과 벽의 황토가 형제 같다.
5 초가집 한 칸을 통로로 사용하는 특별함이 있다.
6 초가지붕 선과 하늘이 만나니 색다른 세상을 열어 준다.
7 눈썹지붕을 덧붙였다. 후퇴 부분을 활용하려는 방안으로 보인다.
8 긴 토석담에 기와를 얹어 가지런하고 지형의 변화에 따라 높이를 조절하고 있다. 협문을 담장의 높이만큼만 냈다.

10. 보성 강골마을 전남 보성군 득량면 오봉리

득량은 이순신 장군의 군사들에게 식량을 조달하여 승리로 이끌어 붙여진 이름이다

강골마을은 일제강점기 때 간척한 보성군 득량면에 자리하고 있다. 본래 바다를 끼고 있던 이 어촌마을은 간척한 이후 논과 밭으로 둘러싸인 전형적인 농촌으로 변했다. 면 이름이 '양식을 얻는다.'라는 뜻을 지니게 된 것은 임진왜란 당시 비봉리 선소마을 앞섬, 지금의 득량도에서 이순신 장군이 왜군과 대치하던 중 아군의 식량이 떨어져 비봉리 선소에서 최대성 장군의 도움으로 식량을 조달하여 왜군을 퇴치했다 해서 붙여진 이름이다. 주변에선 강동마을로 불리기도 한다. 11세기 중반 양천 허씨가 처음 터를 잡고 나서, 원주 이씨를 거쳐 16세기 말 광주 이씨가 정착하면서 광주 이씨 집성촌이 됐다.

오염되지 않은 순수한 옛 시골 전통마을로 돌담길, 싸리로 만든 사립문, 우물 등이 그대로 남아 있는 마을이다. 중요민속자료로 지정된 이금재 가옥, 이식래 가옥, 이용욱 가옥과 열화정이 있다. 규모가 30여 채밖에 되지 않으면서도 3채의 가옥과 1개의 정자가 중요민속자료로 지정될 만큼 역사적·문화재적 가치가 높다. 이 건물들은 19세기 중엽부터 20세기 초에 걸쳐 세운 것으로, 안채·사랑채·행랑채·헛간채와 안마당·사랑마당 등을 갖추었다.

강골마을의 중요한 특징 중 하나는 큰 가옥마다 앞뜰에 연못을 만든 것이다. 아쉽게도 지금은 흔적만 남아 있다. 마을 중앙에 있는 이용욱 가옥에는 조선시대 양반가옥의 전형을 보여주는 솟을대문이 솟아 있는데, 담장으로 막아서 사랑마당이 외부로 드러나지 않도록 하였다.

보성마을에는 민속촌처럼 살지 않으면서 전시를 위해 지어놓은 집들이 아니라, 실제로 생활하는 공간으로 온기가 남아 있는 한옥이다. 마을에 남아 있는 가옥들은 19세기 이후 광주 이씨 집안에서 지었다. 보성마을은 돌담길이 인상적이다. 흙과 돌을 혼합해 쌓은 토석담으로 마치 빗살무늬 토기처럼 돌을 비스듬히 얹고 흙을 짓이겨 놓음으로써 최대한 튼튼하게 담을 쌓았다. 담과 길이 만들어 내는 협연을 감상하기에 걷기만큼 좋은 것은 없다. 생활이 살아 있는 마을이다. 마을 사람들은 그런 좁은 길을 안고 천 년을 살아

왔다. 길섶의 하찮은 돌멩이 하나에도 발품의 역사가 남아 있는 이 길은 마을의 자랑이지 결코 불편의 대상이 아니다. 그래서일까. 간혹 차를 타고 마을을 둘러보는 외지 사람들을 향한 시선이 그리 곱진 않다.

건축미가 돋보이는 열화정은 1984년 중요민속자료 제162호로 지정됐다. 마을 중심부의 뒤에 있는 이 아름다운 정자는 연못과 잘 어우러진 풍류각이다. 정자는 나눔과 개방의 몫이다. 열화정 마루에 오르면 바람과 시간의 흐름이 한 순간 그윽하다. 1845년 이진만이 후진양성을 위해 건립한 것으로 전해진다. 앞마당에 연못이 있으며 그 주변으로 동백나무·벚나무·목련나무·석류나무·대나무 등이 어울려 아름다운 공간을 연출해 내고 있다. 특별히 신경써 정원을 가꾸지 않아도 주변의 숲과 어우러져 전통적인 한국 조경의 기법을 잘 보여 주고 있다.

한국 전통조경은 신선 사상가의 풍수지리설을 받아들여 완만한 구릉지에 계단을 만들어 후원양식의 정원을 만든다. 나무는 낙엽수 위주로 심어 사계절을 직접 느낄 수 있도록 하였고 자연의 변화와 새를 불러들일 수 있게 했다. 규모와 구성, 기법이 아담하고 친근감이 들도록 가능한 자연을 훼손하지 않으려 했다. 정자 맞은 편 안산에 전원의 정취를 즐길 수 있는 만휴정이 있었다고 하나, 지금은 흔적만 남아 있다. 열화정은 가장 한국적인 멋과 생활양식이 담겨 있는 곳이다.

열화정에 오르면 공부보다는 풍류를 즐기고 싶다는 생각이 앞선다. 주변 경치가 무척 뛰어나기 때문이다. 공부보

왼쪽_ 석류가 익어 가는 계절이다. 석류가 속을 터뜨리면 보석 알이 튀어나온다.
오른쪽_ 이용욱 가옥. 자연석기단 위에 자리한 집과 양옆으로 두른 토석담이 곱다.

보성 강골마을　121

다는 휴식이 좋고 휴식 후에는 놀이가 그립다. 세상과 한판 놀음을 하는 것이 인생이기도 하지만, 바로 앞에 놓인 과제를 해결하다 보면 산다는 건 놀이가 아니라 전쟁이라고들 한다. 힘들어도 세상과 잘 어울리며 사는 사람이 있고, 모든 것이 무너져도 버티는 사람이 있듯, 30여 채의 가옥 중

잘 보존된 한옥이 있다.

이용욱 가옥 옆에는 '소리샘'이라는 특별한 우물이 있는데, 강골마을의 공동우물이다. 소리샘이 있는 땅은 원래 이용욱 가옥 소유이나, 워낙 마을에 물이 귀하다 보니 우물을 파고 마을 사람들을 위해 개방했다.

1 이용욱 가옥. 긴 담장이 집안의 내력을 길게 이야기하고 싶어 하는 듯 하다. 토석담 너머로 기와집이 숲 속에 자리 잡고 있다.
2 이식래 가옥. 장독대를 감싸고 있는 토석담의 둥근 곡선이 이채롭다. 푸른 대나무 숲과 휑한 마당이 다른 세상이다.
3 열화당. 기단을 두 단으로 만들어 한결 운치를 더한다. 옆으로 난 계단과 기단 위에 자리한 열화당은 당당하고 기품 있다.
4 고샅. 숲이 깊어 그늘도 깊다. 더운 여름에는 시원함을 선사한다.

10-1. 이식래 가옥 전남 보성군 득량면 오봉리 414

안채와 사랑채는 초가이고, 물건을 넣어 두는 광은 기와집으로 대우한 집

공룡이 뛰어놀던 곳에 사람이 살고 있다. 보성은 세계적으로 드문 초식공룡 서식지였다. 보성군 득량면 비봉리 해안 3km 구간에 걸쳐 보존상태가 완벽한 세계적 규모의 공룡 집단산란지로 공룡 알은 해안 일원에 널리 분포되어 있고 대부분 알둥지를 형성하고 있는데 하나의 둥지에 최소 6개에서 30여 개의 공룡 알이 있다. 보존상태가 거의 완벽한 10여 개의 공룡 알둥지와 100여 개의 공룡 알이 발견되었고 수백 개의 알 파편이 산재해 있다.

그곳에 사람이 살고 있다. 세상은 변하고 주인도 변했다. 보성 강골마을 이식래 가옥도 마찬가지다. 문간채 상량문의 기록으로 보아 1891년에 건축이 된 것임을 알 수 있는데 안채와 사랑채는 이전에 지어진 것으로 추정되고 안채의 동쪽 아랫방은 20세기 초에 개축한 것으로 추측된다. 사

람에겐 긴 세월인 100년의 세월을 건재하게 견디고 있지만, 오랜 옛날에 이곳은 공룡들의 터였다. 대나무 숲으로 둘러싸인 집은 바람을 잘 이해한다. 바람이 온 것을 먼저 전해 주는 것은 대숲이다. 담장을 슬쩍 넘어온 바람이 집안 구석구석을 어루만지고 간다.

담장을 따라 긴 골목을 들어서면, 조그만 초가 대문간이 있고 서쪽에 사랑마당, 뒤에는 사랑채, 동쪽에는 행랑채가 동향으로 앉아 있다. 그곳에도 바람은 찾아왔다. 바람이 온 것을 먼저 전해주는 것은 대나무 숲이다. 뒤이어 바람은 살랑살랑 온 집안을 구석구석 어루만지고 스쳐 지나간다. 사랑채 뒤는 넓은 안마당이 있고, 안채는 사랑채와의 축을 약간 동으로 옮겨 배치했다. 안마당 서쪽은 곳간채가 동향으로 위치하고, 그 앞에 장독대를 배치했다.

사랑채도 초가다. 사랑채 옆으로 사랑채와 대문채를 잇는 샛담이 보인다.

안채는 5칸 전후좌퇴집으로 초가집이다. 편안하고 아늑한 느낌이 드는 것은 초가지붕과 차분하게 키를 맞춘 낮은 집이 주는 분위기 때문이다. 칸살이는 서쪽으로부터 좌퇴에 툇마루를 깔았다. 앞칸에 작은방, 뒤칸에 뒷방을 두었다. 다음에는 대청, 큰방을 순서대로 배치하였다. 상하 칸과 아래 퇴까지를 부엌으로 쓰고, 맨 동쪽 아래 칸은 나중에 덧달아내서 상하 아랫방을 두었다. 특이한 것은 뒷방 모서리 기둥에서 가로로 경계까지 담장을 쌓은 점인데, 이것을 뒤로 구부려서 뒤뜰 공간을 형성하였다.

구조는 2고주 오량가로 우진각지붕의 납도리집이다. 대공臺工은 둥근 모양의 판대공이다. 대공은 종보 위에 놓여 종도리를 받는 부재로, 형태와 형식에 따라 여러 종류가 있다. 기둥은 사각기둥으로 하고 초석은 낮은 덤벙주초로 했다. 덤벙주초는 기둥을 받는 초석을 다듬지 않고, 자연석 그대로를 사용한 자연석초석이다. 세종 때 자재를 아껴야 한다는 의도 아래 칙령에 따라 돌을 다듬지 않고, 자연석

그대로를 사용하게 한 데서 비롯됐다. 기단은 자연석 허튼 층쌓기로 두벌대 높이로 쌓았다.

사랑채는 4칸 전후우퇴집이다. 칸살이는 서쪽으로부터 부엌, 아랫방, 윗방, 대청의 차례로 배치하고 대청 앞은 개방하여 칸막이를 두지 않았다. 기단을 자연석기단으로 하고 자연석초석 위로 사각기둥을 한 2고주 오량가로 납도리집이다. 대공은 동자대공이고, 대들보는 각형으로 했다.

이식래 가옥 중에 가장 큰 특징은 광이다. 집의 중심인 본채와 사랑채는 초가지만 물건을 보관하는 광은 기와를 얹었다. 사람이 거주하는 공간보다 곡식과 물건을 보관하는 광을 대우한 모양이다. 이는 간척지가 완성되고 간척지 일대에서 생산된 쌀로 마을 전체가 부농마을로 변하게 됨으로써 나타나게 된 것으로 보인다. 본채가 초가로 지어져도, 곡식과 농기구 등을 보관하는 광만큼은 기와집으로 지어 생산된 곡식과 농자재 등의 보관을 중요시했기 때문인지 다른 사연이 있는지는 확인할 수 없다.

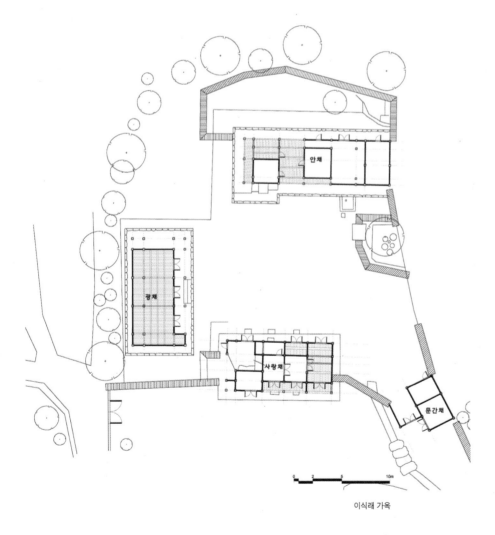

이식래 가옥

이식래 가옥의 가장 큰 특징은 광에는 기와를 얹고 사랑채와 안채는 초가라는 점이다.

1 이식래 가옥. 마당을 중심으로 독립가옥처럼 떨어져 채를 구성하고 있다.
2 볏짚으로 초가를 얹은 소박한 형태의 평대문이다.
3 툇마루 밑에 가지런하게 놓여 있는 땔감. 새로 이은 처마가 말끔하다.

위_ 하나의 툇마루에 구성된 두 여닫이 독창이 왼쪽은 문이고 통머름이 있는 오른쪽은 창이다.
아래_ 판벽 사이로 널판문을 열고 들어가면 뒤뜰로 연결된다.

1 곡선으로 두른 장독대의 토석담이 집의 분위기를 한결 부드럽게 한다.
2 뒷방 모서리 기둥에서 가로로 경계까지 담장을 쌓아 뒤뜰 공간을 형성하였다.
3 볏짚을 쌓아 놓은 사랑마당 풍경.
4 지금은 광의 쓰임새가 쇠락해 가고 있지만, 한때는 곡식이 쌓이고 이 집안의 재산이 쌓이던 보물창고이다.
5 키 작은 와편굴뚝과 토석담이 만났다.
6 부잣집이었음에도 초가를 그대로 사용한 것을 보면 주인의 검소함이 보인다.

서

10-2. 이용욱 가옥
전남 보성군 득량면 오봉리 243

계단석으로 안채와 중간채의 터 높이를 조정해 사생활을 보호하는 구조의 가옥

강골에서 가장 아름다운 집으로 강골에서 가장 아름다운 곳인 마을의 중앙에 자리하고 있다. 조선 헌종 1년 1835년에 이진만이 지었다고 한다. 집 앞에는 연못이 조성되어 못 가운데에 조그만 섬이 있고 버드나무가 있었다고 한다. 연못은 메워져서 밭으로 되고 버드나무만 남아 있다. 안채 상량문을 보아 1902년에 건립한 것임을 알 수 있다. 사랑채는 연대가 더 올라가는 것으로 추정된다. 솟을대문은 1940년에 다시 지었다고 한다. 집이 깔끔하고 정리가 잘 되어 보인다. 기단과 담장의 돌이 아주 잘 어울린다. 저마다 다른 크기로 만난 돌들이 집의 듬직한 터전이 되어 집을 안정감 있게 해 준다. 돌담은 같은 돌로 쌓았어도 크기가 달라 마치 돌들의 합창이라도 듣는 듯 아기자기하고 곱다. 집이 한결 정감이 가는 이유는 돌담과 기단의 재료로 쓰인 돌의 역할이 크기 때문이다. 가장 아름다운 모습은 그 지방에서 나는 재료를 쓰는 경우이다. 마을과 마을 사람들의 품성을 닮은 재료를 쓰면 한결 푸근해지고 깊어진다. 어울림은 동색에서 나온다. 기단은 막돌허튼층쌓기 세벌대 높이로 막돌을 다듬지 않고 그대로 쓰고 있어 더 넉넉해 보인다.

안채는 정면 5칸, 측면 2칸의 홑처마 팔작지붕이다. 동쪽에 부엌을 두었고 다음이 큰방, 중앙 2칸은 대청, 맨 끝이 작은방이다. 구조는 2고주 오량가로 납도리에 장혀를 받쳤으며, 보 밑에는 보아지를 끼웠다. 기둥은 사각기둥이고, 주춧돌은 네모꼴로 화강암 가공석이다. 합각에는 물결무늬를 새겼다. 솟을대문이 서남향으로 자리하며 그 뒤에 사랑채가 사랑마당을 사이로 축을 맞춰 배치되었다. 안채로 들어가는 중문간채는 사랑채보다 약간 앞으로 나오면서 사랑채 서쪽에 같은 향으로 앉혔다.

중문간채 뒤가 안마당이며 안마당 뒤 안채가 중문간채와 축을 이룬다. 안마당 서쪽에는 광채가 세로로 배치되고 안채 동쪽에는 다시 한 칸을 뒤로 물러 아래채가 배치되었다. 이 앞이 뒤뜰 공간이며 여기에는 벼 뒤주와 우물이 시설되었다. 장독대는 안채의 서쪽인 광채와 모퉁이 공간을 담장으로 막고 그 사이에 일각대문을 만들어서 따로 마련했다.

담장은 솟을대문까지를 막아서 사랑마당이 외부로 노출되지 않으며 안마당과 사랑마당도 따로 구획해서 중문간을 통하지 않으면 출입하지 못하도록 계획했다. 그러나 사랑채는 앞으로는 사랑마당, 뒤로는 안마당으로 통하게 되어 있다.

이용욱 가옥을 살펴보면 재미있는 것을 발견할 수가 있다. 대부분의 일반 집은 지반이 평평한 가운데 건물이 지어지지만, 이용욱 가옥과 강골마을 전통가옥에서는 중간채의 건물을 지을 때 지반의 높이를 한 단계 낮추어 집을 지었다. 중간채의 높이를 낮춤으로써 발생하는 또 하나의 특징은 본채에서 사랑채와 솟을대문을 볼 수 있지만, 솟을대문에서는 안채를 볼 수 없는 구조가 된다. 본채의 안방마님이 주거하는 방에서 중간채 건물 너머 솟을대문 쪽을 바라보았을 때 손님이 사랑채까지 오는 상황을 파악할 수 있지만, 솟을대문 쪽에서는 안채를 볼 수 없게 된다. 바깥주인을 찾아오는 사람들이 안채를 볼 수 없게 하여 사생활 보호를 할 수 있는 구조다. 여성들이 사생활 노출을 꺼리던 당시의 풍습이 반영된 것으로 안사람의 사생활을 보호하려는 구조적인 배치라 할 수 있다.

안채는 1900년 전후에 지어졌고 맞은편 광채는 이것보다 좀 더 올라가며 나머지는 20세기 초에 지어진 것으로 추정단다. 아름답게 구성된 집 뒤의 뒤란, 정성스럽게 꾸며진 부엌, 서쪽의 뒤뜰, 우아하게 조성된 사랑방 동쪽 후원은 조그마하면서도 아담하게 조성되었다. 여성스러운 마음의 반영이다. 안방마님의 마음이 반영되었거나 여성을 배려한 바깥주인의 마음이 드리워진 것이다. 특히 안채에서 맞은 편 광채 지붕 너머로 가깝게 느껴지는 오봉산의 자태는 우리 조상의 뛰어난 조형감각을 알 수 있다. 안채는 7칸 ㄷ자형으로 날개가 앞으로 내미는 것이 아니고 뒤로 덧달아졌다. 전체적으로 전후좌퇴집으로 조성해서 날개에는 안퇴 없이 바깥퇴만 두었다.

안채와 사당은 원래 초가로 지었으나 낡아 이진만의 손자인 이방희가 기와를 얹은 집으로 개축하였다. 솟을대문도 원래 3칸이었던 것을 이방희의 손자인 이진래가 5칸으로 개축하였다고 한다. 대를 이어가면서 증축된 것을 보면 가세가 나아졌음을 엿볼 수 있다. 특히 이용욱 가옥은 안채, 사랑채, 곳간채, 행랑채, 중문간채, 사당을 모두 갖추고 있어 이 지방 사대부 집 건축양식을 보여주는 중요한 민속자료이다.

위_ 앞마당 끝에서 바라본 사랑마당 전경.
중간채의 높이를 낮춤으로써 안채에서는 사랑채와 솟을대문을
볼 수 있지만, 솟을대문에서는 안채를 볼 수 없는
구조로 되어 있어 손님이 사랑채까지 오는 상황을
파악할 수 있다.
아래_ 사랑채와 나란한 중문을 거쳐야
안채로 들어갈 수 있도록 배치되어 있다. 담은
남녀공간의 분할이며 경계이다.

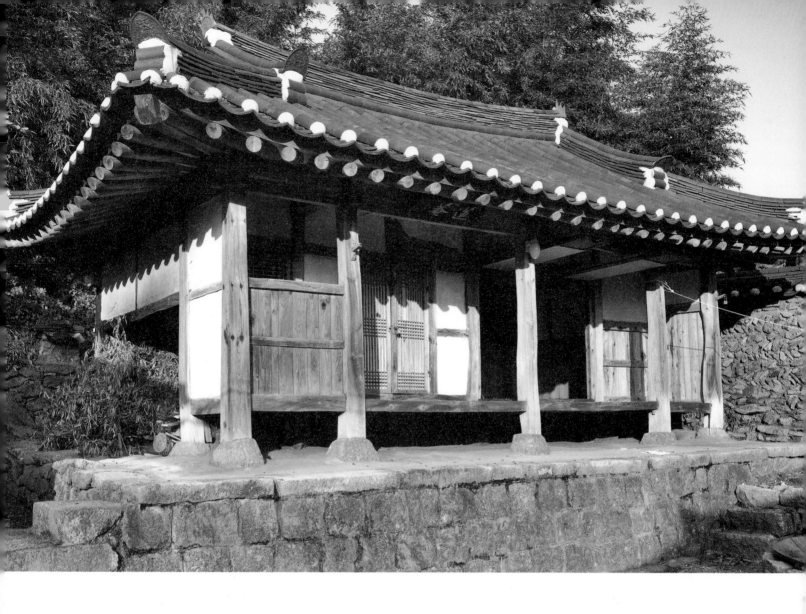

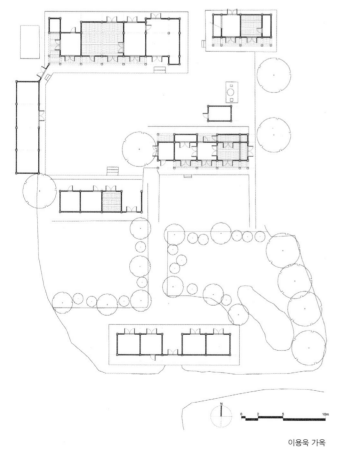

이용욱 가옥

위_ 안채. 정면 6칸의 홑처마 팔작지붕이다.
아래_ 안채 동쪽에 한 칸을 뒤로 물러 아래채가 배치되었다.

1 마치 성을 보는 것 같다.
토석담과 한옥의 기와 선이 끊어지다 이어지면서
상승하는 구조.
2 삼단의 층위가 가지런하다.
삼단으로 위계를 높여 가는 모양으로
솟을대문이 더욱 높아 보인다.
3 광채의 벽을 회벽마감해 깔끔하다.
4 만살 미서기문.
은은한 빛과 향기까지 느껴질 것 같은
착각이 들게 한다. 한옥 방에 들면
마음이 차분하게 가라앉는 것을
느낄 수 있다.

1 빗살문을 달아 통풍이 잘 되는 붙박이장을 만들었다.
2 방안 벽에 다락을 만들어 계단을 놓고 여닫이 세살청판문을 달았다.
3 대청에 빈지널문의 저장 공간과 우리판문의 수장고를 만들었다.
4 대나무로 선반을 매어 살림 가구를 얹었다.
5 툇간에 빈지널문의 저장 공간을 마련했다.
6 누마루로 올라가는 곳에 세로살을 대어 기능성을 더했다.
7 사랑채와 중간문채를 잇는 샛담
8 피아노 건반과 닮은 세로살 붙박이창. 환기와 채광을 위한 창으로 창호지도 바르지 않고 열리지도 않는 창이다.

전통 한옥마을

11. 보성 예동마을 전남 보성군 보성읍 옥암리

우물가에 수령 약 200년 된 팽나무가 아름다운 예의 바른 마을

보성 하면 녹차가 떠오를 정도로 지금은 녹차 밭이 아름다운 곳이다. 국내 최대 차 재배단지가 있다. 보성에서 차 재배역사는 1600년으로 거슬러 올라간다. 백제의 근초고왕 때 차를 토산품으로 재배했다는 기록이 전한다. 차나무의 생육환경은 연평균 13도 이상, 강우량은 연평균 1,400밀리 이상이어야 최상의 상품이 나온다고 한다. 바다가 가까우면 염해가 발생하고, 그늘이 많으면 생육이 좋지 못하다. 또한, 습기가 많으면 뿌리가 호흡을 못하여 썩어버리니 조건이 까다로운 나무다. 차나무는 물을 좋아하되 배수가 잘되어야 하고, 그늘을 좋아하되 습기를 싫어하니 재배가 어려운 나무다. 보성이 차로 유명한 것은 이러한 조건을 충족시켜주기 때문이다.

차로 유명한 보성에 전통마을이 남아 있다. 보성군 보성읍에 조용히 자리한 예동마을이다. 옛날 배가 닿는 곳에서 고개를 넘는 지점에 마을이 형성됐다 하여 마을이름을 한때 '배월금'이라 불렀던 예동마을은, 고려 말 이전에 이씨가 제일 먼저 들어와 촌락을 형성하여 살아왔다. 현재 이 마을 성씨 중 가장 오래 거주한 수원 백씨, 광주 이씨 등이 마을을 이루며 살고 있다.

가구 수는 26가구, 50여 명으로 구성된 시골마을이다. 주택 수는 24동 중 한옥이 20동이다. 전통마을로 지정된 곳 중에서는 작은 편이지만 남도가 가진 특성을 고루 갖춘 한옥이 있어 가치가 있다. 남도의 정취 중 대나무가 주는 소리와 빛 그리고 시원한 맛은 다른 곳에서 보기 어려운 풍경이다. 바람이 대숲을 훑고 지나갈 때 내는 특유의 소리는 남도인 가슴 속에서 꿈이 되기도 하고 회귀의 본능을 일깨우기도 한다. 속을 비워 악기가 되기도 하고, 마디가 있어 정리하는 절제를 지닌 대나무는 예동마을에서도 한 구실을 한다. 사람에게 있어 머무름의 대표적인 자리인 집을 감싸준다. 산과 나무와 집이 어우러진 예동마을의 풍경은 우리나라 전통마을의 일반적인 풍경이다. 예동마을의 대숲에 둘러싸여 조용한 침묵을 받아들이는 한옥은 또 다른 정취를 느끼게 한다. 아직은 덜 다듬어지고 가꾸어진 마을이

다. 전통마을이 지정된 시점도 그리 오래되지 않은 데다 사는 사람들의 불편함을 덜어줄 수 있는 뾰족한 방안이 없어 보존과 관리에 어려움을 겪고 있는 실정이다. 이런한 고충을 극복해야만 전통한옥의 보존과 함께 사는 사람의 편의도 갖춘 발전적인 모습이 될 것이다.

예동마을은 속칭 보성의 다섯 명당마을, 당촌·도개·박실·예동·강골 중 4번째에 속한다는 말이 있으며 옛날에 흔치 않았던 기와집들이 마을의 대부분을 이루고 있다. 동으로는 남산 재궁 해경, 남으로는 성곡 구성 마을로 둘러싸여 최초 마을 형성기부터 예의 바른 마을이라 하여 예곡禮谷이라 부르기도 하였으나, 옛 옥암면 소재지에 있는 마을이라 하여 예동禮洞이라 부르고 있다. 이범재 가옥, 이종선 가옥이 민속자료로 지정되어 있다.

옥암리 582번지 우물가에는 수령 약 200년 된 팽나무가 있다. 팽나무는 느릅나뭇과에 속하는 낙엽교목이다. 키는 25m까지 자란다. 우리나라에서 고목으로 자라는 소나무, 느티나무, 은행나무, 회화나무와 같이 장수하는 나무에 해당한다. 한국에서는 주로 남쪽지방에서 자라는데, 예동마을에서도 오랜 기간 마을을 지켜 오고 있다. 공원수나 그늘을 만들어 주는 정자목으로 심으며, 바닷바람에도 잘 견디기 때문에 바닷가의 방풍림으로도 심는다. 전통마을 예동에 잘 어울리는 나무다.

나무 한 그루가 가진 힘은 크다. 고목은 마을의 상징적인 역할뿐만이 아니라 위안을 주기도 한다. 그래서 고목이 턱하니 버티고 선 마을에서 중심은 고목이 서 있는 자리가 되

왼쪽_ 이범재 가옥. 풍경에서 나무 한 그루가 차지하는 비중은 크다. 사당 입구에 서 있는 감나무가 있어 한결 집이 넉넉해 보인다.
오른쪽_ 이용우 가옥. 대나무가 시원한 숲 앞에 지어진 집으로 고살이 있다. 고살에도 사연이 있고 이야기가 있는 곳이 전통마을이다.
초가에는 수리를 위한 나무 재목이 재어 있다.

는 경우를 종종 본다. 한국적인 사고는 마을의 중심이 동심원을 그린 한가운데가 아니라 마음의 중심자리가 중심이 된다. 마을 사람들이 자연발생적으로 모이고 마을 사람들의 경조사뿐만이 아니라 작은 집안 이야기부터 살림살이에 대한 소식까지 시시콜콜 이야기하는 곳이 중심이다. 한국 전통마을에서의 중심은 물리적인 중심이 아니라 심성의 중심이 마을의 한가운데가 된다. 정신적인 중심인 종가나 사당은 물리적인 마을의 중심에 있는 것이 아니라 뒤편에 자리하고 있어 마을을 거슬러 들어가면 마지막 지점에 있는 경우가 흔하다.

서양은 성당이나 교회를 중심으로 방사형으로 퍼져 나가도록 마을이 구성되어 있다. 물리적인 중심이 된다. 하지만, 우리는 다르다. 위치에 영향을 덜 받는 편이다. 산악 국가이기 때문에 물리적인 중심을 잡기도 어렵지만, 마음의 흐름이 그것을 용납 못 하는 것도 있다. 서양은 신이 세상의 중심이지만 우리는 사람이 중심이기 때문이다. 사람 중에서도 내가 중심이 되어야 한다는 의식을 은연중에 강하게 가지고 있다. 개인주의의 서양 사고방식은 신으로부터의 독립을 하지 못하였지만, 우리는 비교적 자신이 세상의 중심이라는 의식이 강하다. 이런 의식이 마을의 중심을 물리적이 아닌 정신과 마음의 중심으로 삼게 되는 이유다.

1 예동마을 전경. 주택 수는 24동 중 한옥이 20동이다. 전통마을로 지정된 곳 중에서는 작은 편이지만 남도가 가진 특성을 고루 갖춘 한옥이 있어 가치가 있다.
2 이용우 가옥. 처마선이 가지런하게 길다. 마당엔 철마다 피고 지는 작은 꽃밭이 있다.
3 이종선 가옥. 세월의 흔적이 그대로 남아 있는 한옥을 보면 대견하다. 사람은 가고 없어도 건물은 한 시대를 대변해 주고 있다. 시간이 흐르지 않고 쌓이는 것을 볼 때가 있다.

11-1. 이범재 가옥 전남 보성군 보성읍 옥암리 560

집 가운데에 흙이 하중을 직접 받는 생기기둥을 세우고 대들보를 얹었다

자연경관이 수려한 예동마을에 이씨 동성촌락이 자리하고 있다. 마을 어귀에 효자문과 동네 정자가 커다랗게 지어져 마을의 전통적인 멋이 보인다. 대나무 숲이 마을을 감싸고 있다. 이범재 가옥도 마을 안 평탄한 곳에 자리하고 있다. 푸른 대나무 숲으로 둘러싸여 죽림에 든 느낌이 든다. 별다른 정원시설이 없어도 죽림이 주는 깊은 멋이 한결 더 풍치가 있다.

두 번에 걸쳐 지어졌거나 개축한 것으로 보이는 이범재 가옥은 안채는 19세기 말, 다른 건물은 20세기 초에 건축된 것으로 추측된다. 안채는 특이한 평면구성을 하고 있어서 양통집을 혼용한 겹집 형태이다. 대청이 있는 양통집은 남해안 일대에 있는 집들로 남부형이다. 북부형이나 중부

형은 부뚜막을 넓게 만들고 아랫방의 벽 사이에 공간을 낸 정주가 있는데 반해, 남부지방에서는 대청이 있고 대청 좌우에 살림방과 부엌이 갈라져서 배치되어 있다. 이범재 가옥은 남부지방의 전형적인 모습이다.

안채는 특이한 평면을 지니고 있어 전후퇴집과 양통을 함께 두는 겹집형태를 띤다. 가로 칸은 양통 또는 전후퇴로 하고 세로 칸은 바깥퇴를 두었는데 가로는 양퇴를 가진 6칸, 세로는 4칸으로 이루어졌다. 이범재 가옥의 특징은 사랑채는 따로 두지 않은 대신 안채의 건넌방 위치에 사랑방을 곁들였다. 이것은 삼남 지방의 민가에서 드물게 보는 양식이다. 한 가옥 안에 안채와 사랑채가 함께 있어 남녀 공간의 분화가 안 되어 있다. 대청 사이에 두고 경계 지어진

이범재 가옥은 마을 안 평탄한 곳에 자리하고 있다. 푸른 대나무 숲으로 둘러싸여 죽림에 든 느낌이다.

다소 느슨한 분리다. 서민들에겐 분리라는 말 자체가 있을 수 없는 초가삼간에 사는 것이 허다한 상황을 고려하면 그 절충형인 셈이다.

구조는 특이하게 만들어서 집 가운데에 대들보를 직접 받는 생기기둥을 세웠다. 생기기둥은 주춧돌이 없이 기둥을 지반에 의지하는 것으로 오래된 기법이며 흔히 볼 수 없는 방식이다. 생기기둥의 약점은 흙이 직접 닿게 되어 기둥 하부가 물에 썩거나 지반이 기둥의 물리적인 힘을 직접 받아 주저앉을 수 있다는 것이다. 초석은 기둥의 힘을 더욱 넓게 받아 분산시키는 역할을 하는데, 생기기둥은 이런 약점 때문에 좀처럼 사용하지 않는 기법이다.

사당은 집의 후면이나 측면에 배치하여 출입할 수 있도록 하는 것이 일반적인 형태인데 여기서는 집의 바깥에 독립적으로 배치한 점이 특이하다.

안채는 특이한 ㄱ자형의 집으로 안마당을 감싸 돌면서 남향하였다. 안채 서쪽으로는 계속해서 一자형의 부엌광채가 붙어 있고 동쪽에는 사랑마당이 자리 잡고 있다. 마당 뒤쪽에는 다시 담장을 두르고 구획해서 사당을 지었다. 앞에는 서쪽 모서리로 대문이 있고 그 앞에 조그만 경영공간으로써 바깥마당이 자리 잡았고 동쪽에 헛간채가 지어졌다.

대문간부터 서쪽 광채 모퉁이까지는 나지막한 생울로 담장을 쳤다. 생울은 살아 있는 나무를 심어 경계를 표시한 것으로 확실한 안팎 구분을 두지 않아 편안한 느낌이다. 사랑마당과의 동선을 차단하고 나머지는 자연적인 대나무 숲으로 담장을 대신하였다.

구조는 안방 부분을 2고주 오량가로 하고 마루 부분을 1 생기기둥 오량가로 처리했다. ㄱ자형의 집 복판에 종보를 바로 받는 생기기둥을 세우고 1칸 길이의 대들보를 전·후면 평주까지 걸었다. 그 가운데에 동자주를 세워 종보를 받았고 종보 중앙, 즉 생기기둥 상부에는 사다리꼴 판대공을 세워 종도리를 얹었다. 상당히 오래된 방식이며 자주 볼 수 없는 구조기법이다.

댓돌은 막돌 허튼층쌓기 두벌대 정도의 높이이고, 초석은 듬성듬성한 네모꼴 덤벙주초이다. 기둥은 사각기둥이며 납도리를 맞췄는데 장혀는 쓰지 않았다. 대들보도 옆구리를 훑어서 단면이 달걀꼴이며 장혀 배 바닥도 수평으로 다듬고 모를 죽이는 정도로 굴려서 수장 폭을 표현하진 않았다. 지붕은 팔작지붕이고 전면 날개는 맞배지붕으로 처리했다. 합각에 기와로 간단한 문양을 넣었다.

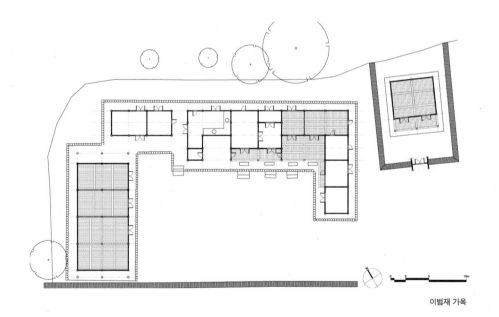

낮은 산을 끼고 자리 잡은 집이 마당에 그늘을 깊이 들여놓았다.
별다른 정원시설이 없어도 죽림이 주는 깊은 멋이 한결 더 풍치가 있다.

이범재 가옥

1 광으로 정면 4칸의 맞배지붕이다.
2 우리판문. 문울거미를 짜고 청판을 끼워 만들었다.
3 풍판. 조선시대 맞배지붕에서 판재를 이어대고 쫄대목으로 연결하여 비바람을 막을 수 있도록 하였다.
4 사당과 사주문. 담장은 무너지고 다시 쌓아 변함이 없지만, 세월을 안은 건물은 고색이 그대로 묻어난다.
5 잘 다듬어진 토석담에 사주문이 서 있다. 곡선을 약간 받아들여 부드러워 보인다.
6 지형지세를 그대로 살려 높낮이에 따라 사당을 배치하였다.
7 기단이 높지 않으면서도 잘 다듬어져 있다. 기둥 옆으로 공간을 만들어 기둥을 습기로부터 보호하려는 지혜가 보인다.
위에는 벼락닫이창을 설치하였다.

11-2, 이용우 가옥 전남 보성군 보성읍 옥암리 580

돼지우리가 그대로 남아 있는 전통가옥

소리는 남도만의 흥취를 불러일으킨다. 전통가옥과 대숲이 만나는 곳에서는 또 다른 한국적인 풍경과 소리를 만난다. 시퍼렇게 일어선 대나무의 직립이 주는 서슬 퍼런 아름다움을 만날 수 있다. 여름은 시원함으로 겨울은 초록으로 위안을 준다. 대나무 숲이 끌어안은 외딴집. 외딴집과 대나무 숲이 만나 풍류를 즐기고 있다. 실은 마을과 어깨를 주고받는 공간으로 외딴집은 아니지만 독립된 가옥처럼 느껴진다. 대숲이 주는 축복이 아닌가 싶다. 시간이 흘러가고 바람이 흘러가는 곳 한쪽에 오래 묵은 집이 있다. 전통이 그대로 살아 있는 집 바로 이용우 가옥이다.

집 안에는 정원수들이 곳곳에 심어져 있다. 안채는 1908년에 지어졌다. 사랑채도 당시에 지어진 것으로 보이지만, 덜 퇴락한 것으로 보아 이보다 약간 뒤에 지은 듯하다. 대문채와 그 옆의 헛간채는 지은 지 얼마 되지 않았다. 대나무 숲이 우거진 집터 뒤쪽에 안채가 동남향하여 배치되고, 그 맞은편에 뒤뜰이 설정되고, 서쪽에 광채가 동향으로 앉았다. 안채는 ㄷ자 모양인데 날개를 앞으로 내밀지 않고 뒤란을 둘러쌌다. 정면 5칸으로 좌우퇴를 가진 겹집이며 뒤의 날개는 각각 1칸씩 내밀고 서쪽 날개에는 안으로 퇴를 두었다. 칸살이중 특이한 것은 대청으로, 중앙에 가로로 분각문을 설치하여 공간을 구분 짓고 뒤는 안대청이라 하여 폐쇄하고 바깥 대청은 전면으로 개방한 점이다. 여성과 남성의 공간 분리다.

안채 앞은 크지 않은 안마당이 마련되고 그 맞은편에 안채와 비스듬히 대문간이 놓였으며 그 동쪽에는 헛간채가 나란히 배치되었다.

바깥마당 앞은 대문간과 직각으로 진입로가 구성되고 탱자나무 울타리가 남도의 멋을 풍긴다. 가시가 주는 거부감과 노랗게 익은 탱자의 끌어당김은 담이 가진 역할을 잘 수행하고 있다. 담은

안에 사는 사람에겐 보호막이고 담장을 끼고 지나가는 사람에겐 따뜻한 나눔의 구조물이어야 한다. 담장을 곱게 꾸미는 마음이 그렇다. 월담을 경계하기 위한 장치다. 대문간과의 사이는 토담으로 경계했지만, 나머지는 수림으로 느슨하게 막았다 안채 뒤는 양쪽 끝에서 뒤로 담장을 쳐서 동선을 차단하고 뒤란 공간을 만들었다.

안채의 구조는 3평주 오량가로 처리하였고 납도리집으로 장혀를 받쳤으며 모서리는 모를 접었다. 기둥은 네모인데 비교적 크고 민흘림이며 초석은 낮은 덤벙주초이다. 기단은 자연석 외벌대로 낮게 쌓았다. 대공은 사다리꼴 판대공이며, 뒷날개 마감은 박공으로 처리했다. 사랑채는 5칸 전후퇴집으로 전형적인 남도 사랑채의 평면구성을 보이며 대청이 한쪽에 놓였다. 구조는 2고주 오량가다.

돼지우리가 그대로 남아 있다. 돼지는 없지만, 우리만 남아 색다른 모습을 제공해준다. 돼지우리를 모르는 사람들이 많은 요즘에는 특별한 공간이고 우리가 주는 독특한 멋이 있다. 모양새가 아름다운 초가 삿갓지붕이다. 삿갓을 닮은 모습의 지붕 모양을 하고 있어 색다른 기쁨을 준다. 지금은 사라진 전통적인 농가의 풍경이 아직도 남아 있어 반갑고 고마울 뿐이다.

왼쪽_ 돼지우리가 독특한 멋을 품었다. 초가지붕에 독특한 구조가 독립적인 미를 보여 주고 정겨운 모습에 마음이 끌린다.
오른쪽_ 단아하다는 표현이 적절한 정면 4칸의 초가집이다.

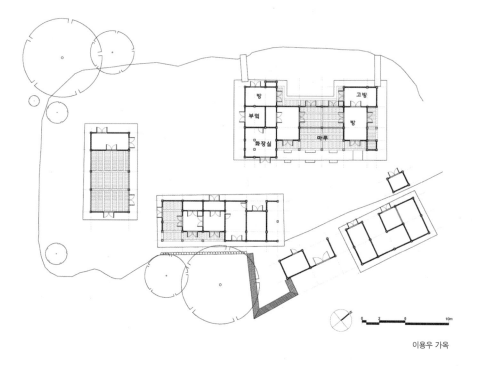

이용우 가옥

위_ 안채의 구조는 3평주 오량가로 처리한 서민주택으로 소박한 구성을 하였다.
아래_ 광. 건물 하단을 지면 위로 띄워 통풍되도록 하였고 정면에는 판벽과 널판문을 설치하였다.

1 별도로 받쳐 놓은 기둥이 이채롭다. 기단의 한 부분인 된 초석이 더 특별하다.
2 여닫이 세살 독창이 깔끔하다.
3 곡식을 넣어 두는 빈지널문의 저장고
4 나무로 초석을 삼는 것은 고대의 방법으로 다른 곳에서는 볼 수 없는 나무초석이다.
5 한 쪽은 행랑채로 다른 한 쪽은 담으로 하여 가운데에 선 솟을대문의 모습이 단정하다.
6 안으로 들어가면서 나무를 만나니 반갑다.
전통가옥에서는 지붕선보다 작은 나무를 심는데 이곳은 제법 자랐다.
7 협문이 오래되었다. 황토가 흘러내리고 그를 받치는 하단의 막돌에는 이끼가 끼었다.
세월의 흔적도 아름답다.

12. 봉화 닭실마을 경북 봉화군 봉화읍 유곡리

충재 종택에는 다섯 가지 보물이 전해오는데 모두가 책이나 문서다

닭실마을은 완전한 경상도 사투리가 되려면 '달실마실'이라고 해야 한다. 닭을 '달'이라고 하고 마을을 '마실'이라고 한다. 닭실마을은 그곳에 사시는 어른들의 표현대로라면 '달실마실'이 맞다. 지금은 외지인들이 자주 찾아와 물어 '달실마을'로 표준어와 사투리의 중간 형태인 닭실마을이라고 한다. 마을명은 마을 뒷산의 형태가 마치 닭이 날개를 치면서 우는 형상과 같다 하여 유곡酉谷이라 불렸다. 안산으로 있는 옥적봉은 수탉이 활개를 치는 듯한 모습이며, 수탉과 암탉이 서로 마주 보고 사랑을 나누며 알을 품는 형상이라니 더할 나위 없이 좋은 자리라 한다.

닭실마을을 찾는 사람들은 이 마을의 입향조를 충재 권벌이라고 한다. 실제 안동권씨 중에 이 마을에 처음 정착한 사람은 권벌이 아니라 그의 5대조였지만, 권벌 이후로 마을이 번성했기 때문에 그가 입향조로 알려졌다. 진실보다 무거운 것이 현실적인 무게임을 세상을 살면서 곳곳에서 발견하게 된다. 충재 종택에는 다섯 가지 보물이 전해오는데 특이하게도 그 다섯 가지가 모두 책이나 문서다. 근사록, 충재일기 7책, 중종으로부터 하사받은 책, 호적단자 등의 문서류, 서첩과 글씨. 사상적인 깊이와 문향이 깊은 선비의 종택다운 보물들이다. 권벌은 이현보, 손중돈, 이언적, 이황 등과 교유하였다고 한다.

봉화는 경상북도의 최북단에 자리 잡아 예로부터 오지로 불리던 곳이다. 봉화의 지리적 특성 때문인지 옛 선인들은 이곳을 수도와 정진의 장으로 삼았다. 그 대표적인 장소가 선비들의 수도장이던 청량산이다. 퇴계 이황은 당호를 '청량산인'이라 지어 '청량산사람'임을 자인했다. 퇴계는 청량산을 사랑했다. 청량산에는 신라의 명필 김생이 10년을 묵으며 글씨공부를 했다는 김생굴이 있다. 김생이 이곳에서 9년간 수도하고 하산할 채비를 할 때 한 여인이 나타나 자신의 길쌈 솜씨와 겨뤄보자고 제의했다. 두 사람은 어두운 굴 안에서 각자 글을 쓰고 베를 짰는데, 김생의 글씨는 들쭉날쭉했지만 여인의 베는 올 하나 어긋남 없이 완벽했다. 김생은 이에 자신의 부족함을 깨닫고 1년을 더 공부해 마

침내 명필이 되었다는 전설이 전해 온다. 이 밖에도 뛰어난 문장가이던 최치원도 젊은 시절 청량산에서 학문을 닦았는데 그의 이름을 딴 치원암이 있었다.

봉화는 은둔의 땅이다. 산과 골이 깊어 물이 많은 곳에 석천정사가 자리 잡고 있는데, 권벌의 종손인 권동보가 봉화 금강송으로 지은 정자다. 석천정사를 휘돌아 나간 계곡물이 닿는 곳에 충재 권벌의 유적이 있는 닭실마을이 있다. 조선시대 『택리지』를 저술한 이중환이 삼남지방의 4대 길지 중 하나로 꼽았다. 그리고 이 마을 종갓집이 있는 자리는 금닭이 품은 알이 놓인 자리라고 한다. 현재 주민은 100여 가구 400여 명, 권씨가 아닌 타성은 3가구밖에 되지 않는다고 한다.

권벌은 닭실마을을 이야기할 때 빼놓을 수 없는 인물이다. 조선 중종 때 벼슬길에 나섰으나 여러 사화를 겪으면서 파직과 복직을 반복하다 결국 유배지에서 세상을 떠났다. 그 후 불천위로 모셔졌다. 불천위는 나라에 큰 공훈이 있거나 도덕성과 학문이 높은 사람에게 신주를 땅에 묻지 않고 사당에 영구히 두면서 제사를 지내는 것이다. 청암정은 손님을 맞거나 책을 읽고 시회를 여는 장소로 활용됐다. 이곳에서는 음주·가무를 삼간다. 권벌은 조선 오백 년 역사에서 가장 포악한 왕이었던 연산군 2년에 진사 벼슬로 출발한다. 강한 직언의 소유자였다. 시대가 화를 예고하기도 했지만, 강한 성격만큼 권벌의 일생은 거친 파도를 헤쳐나가는 것과 같았다. 결국은 유배지에서 생을 마감한다.

종택의 오른편에는 작은 연못으로 둘러싸인 청암정이 있

왼쪽 토석담 아래 꼿꼿하게 일어선 붉은 접시꽃과 푸른 하늘의 대비가 마치 잘 그려진 한 폭의 유화를 보는 듯 하다.
오른쪽 마을명은 마을 뒷산의 형태가 마치 닭이 날개를 치면서 우는 형상과 같다 하여 유곡酉谷이라 불렸다.

봉화 닭실마을 145

다. 마을 사람들이 '충재 할배'라 부르는 충재 권벌이 서재에 딸린 외별당으로 지은 곳이다. 거북모양의 커다란 바위 위에 정자를 올린 것이 독특하다. 청암정은 연못 가운데 있는 넓적한 바위 위에 지은 정자로 수양과 휴식의 공간이다. 정자로 오르려면 돌다리를 건너가야 한다. 운치가 한몫 거든다. 청암정은 방과 마루로 구성돼 있었다고 한다. 지금은 마루만 남아 있다. 전해 내려오는 이야기로는 청암정에도

원래 방이 있었으나 추위가 닥쳐 아궁이에 군불을 때자 밑의 거북바위가 울었다. 지나던 노승이 이를 보고 밑의 거북이 등이 뜨거워서 그러니 불을 지피지 말라고 하였다. 이후 방을 모두 마루로 바꾸었다고 한다. 신비가 벅찬 세상을 위로해 준다. 이중환은 「택리지」에서 청암정을 보고 "정자는 연못 가운데 큰 돌 위에 있어 섬과 같으며, 사방은 냇물이 고리처럼 둘러 제법 아늑한 경치가 있다."라고 했다.

1 봉화는 은둔의 땅이다. 산이 깊고 골도 깊은 마을이다. 닭실마을은 평야를 끼고 있어 물산이 풍부한 편이다.
2 한옥의 아름다움은 드러내지도 감추지도 않는 곳에서 자연과의 합일을 이루고 있다.
3 토석담 안에는 더 큰 산이 있고 산과 함께 집이 있다.

1 청암정. 물은 독특한 내면을 가졌다. 투명하면서도 거울 같이 타자를 비춘다.
2 청암정. 거북바위 위에 앉아 있는 청암정으로 연결된 평석교가 그림 같다.
3 석한재. 사랑채 오른쪽으로 일각문이 있다. 일각문을 들어서면 안채로 여성을 위한 보호공간이다.
4 충재고택 사당. 민가에 단청을 칠한 것이 무엇보다 이채롭다.
5 충재고택. 기단을 낮게 만들어 집이 안정되어 보인다. 집은 주인을 그대로 닮는다.

12-1. 충재고택 경북 봉화군 봉화읍 유곡리 산131

봉화 땅에 충재고택이 있고 충재고택에 청암정이 있어 아름답다

봉화읍 유곡리에는 닭실마을이 있다. 닭실마을에는 충신 충재 권벌이 있다. 충재는 권벌의 호다. 충재沖齋 권벌(1478~1548년)은 연산군 2년(1496년)에 진사가 되고 중종 2년(1507년)에 문과에 급제하여 대간, 정원과 예조판서禮曹判書 등 여러 벼슬을 지냈다. 중종 15년(1520년) 기묘사화己卯士禍에 연루되어 파직되고 나서 이곳에 정착하여 후진을 양성하고 경학經學연구에 전념하였다. 중종 28년(1553년)에 복직되어 인종 1년(1545년) 우찬성과 판의금부사를 지냈으며, 을사사화乙巳士禍로 인하여 다시 파직되었고 명종 3년(1548년) 유배지인 평안도 삭주에서 돌아갔다. 선조 때 억울함이 풀어져 영의정에 추증되었고, 안동의 삼계서원에 배양되었다.

닭실마을은 권벌의 후손들이 사는 집성촌으로 집성촌에는 충재고택이 있다. 정자로 유명한 봉화에서 가장 아름다운 정자 중 하나인 청암정이 있다. 닭실마을 서쪽 산자락에 충재고택과 사당이 자리 잡고 있다. 충재고택의 솟을대문을 들어서면 ㅁ자형의 본채 전면에 사랑채가 보인다. 집이 앉은 부지가 대략 2,000평쯤 된다고 한다. 월문의 곡선이 솟을대문의 권위를 부드럽게 해 준다. 상하로 곡선을 들인 모습이 안에 사는 사람의 얘기를 엿들을 수 있을 것만 같고, 그 속에 사는 이의 마음도 어쩌면 곡선을 닮았을 거라는 짐작을 하게 한다. 본가 옆에는 470년 된 청암정이라는 정자가 있다. 거북 모양의 바위 위에 누각을 짓고 주변을 둘러 연못을 팠다. 청암정은 봉화에 오면 꼭 들러야 할 명소로 꼽는다.

충재고택은 충재종택을 비롯해 내성유곡, 권충재 관계 유적은 사적 및 명승 제3호로 지정되어 보호하고 있다. 종택 마당에 있던 유물관을 옮겨 지은 박물관에 소장된 유물은 충재 권벌이 쓴 충재일기, 근사록, 고문서, 유묵 등 보물급만 487점에 달한다. 한집안의 유물이 아닌 조선의 역사를 담은 박물관인 셈이다. 이 중 근사록近思錄은 '손에 닿는 일상적인 것들에 대한 성찰의 기록'이라는 의미가 있다. 송宋나라의 주희·여조겸 등이 함께 편찬한 것으로, 주돈이·정호·정이·장재 등의 말에서 일상생활에 절실한 것을 뽑아 편찬한 것이다. 책을 가까이했던 충재의 일화로 중종 때 경회루에서 임금과 대신들이 꽃구경하면서 연회를 즐기다가 헤어졌는데, 이때 책이 한 권 땅바닥에 떨어져 있어서 하급관리가 주워 펼쳐보니 '근사록'이었다. 임금에게 이 사실을 보고하자 중종이 '그것은 틀림없이 권벌이 보던 책일 것이다.'라고 말했다 한다.

이외에도 별당 정원인 청암정, 별서정원인 석천정사, 누정 정원인 송암정 등 충재 관련 정자는 주변 산수와 잘 어우러진 전통 누정 건축들로 이름이 높다.

청암정은 거북 모양의 큰 바위 위에 정자를 짓고, 주위의 땅을 파내 그 흙으로 둑을 쌓아 정자를 두르는 연못을 만들었다. 청암정이란 이름은 정자의 북쪽 곁에 있는 바위가 푸른빛이어서 붙은 이름이다. 청암정은 돌거북, 돌다리, 연못이 어우러진 가장 아름다운 정자이자 서당이요, 자연과 인공이 가장 잘 조화를 이뤄 관심의 대상이다. 청렴한 선비로 한평생을 산 권벌의 풍모가 녹아 있다. 연못 위 돌다리를 건너 정자에 오르면 실개천 너머 들판이 시원하게 펼쳐진다. 50여 명은 족히 올라올 만큼 정자 마루가 넓은데, 권

왼쪽_ 솟을대문. 문상방과 문지방의 곡선 안에 풍경이 들어 앉았다.
오른쪽_ 충재고택의 안채로 들어가는 입구 모습.

봉화 닭실마을 149

벌이 많은 학자와 교류하기를 즐겼기 때문이라 한다. 이황, 허목 등의 명필 글씨가 정자 한쪽에 걸려 있다.

　닭실마을이 세상에 알려지기 시작한 것은 갓 쓴 선비가 아니라 안방 할머니들 덕분이다. 1년 동안 정성 들여 준비해 제사상에 올렸던 한과가 일품이라는 소문이 나돌면서 사람들이 모여들기 시작했다. 조선 중종 때부터 매년 지내온 권씨 집안의 불천위不遷位 제사가 닭실한과의 시작이었다. 한과를 이야기하면서도 불천위로 모셔진 권벌이 빠지지 않는다. 까다롭기로 유명했던 양반마을의 제사를 준비하며 권씨 집안 며느리들은 손에서 손으로 음식 솜씨를 전해 왔다. 제사상에 오르는 한과는 가문의 품격을 가늠하는

잣대로 삼았다고 할 정도로 중요시했다. 새로 며느리를 들이면 제일 먼저 한과 만들기부터 가르쳤다고 한다. 예부터 닭실한과는 맛과 모양이 빼어나기로 소문이 자자했다.

　만드는 과정은 모두 수작업으로 진행되는데 500년 전이나 지금이나 같은 방법을 쓰고 있다. 하루에 스무 되씩 찹쌀을 빻아 시루에 쪄내고 나서 홍두깨로 밀어 손바닥만 한 떡살을 만든다. 떡살을 온돌방 바닥에서 바싹 말린 다음 기름에 넣고 나무 주걱으로 눌러 지진다. 지져낸 것에 물엿을 바르고 튀밥을 묻히면 산자가 완성되는데 여기까지 보통 일주일이 걸린다. 이렇게 만들어진 한과는 속이 촘촘하고 입 안에서 녹는 느낌이 부드러워 한번 맛본 이들은 계속 찾게 된다.

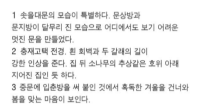

1 솟을대문의 모습이 특별하다. 문상방과 문지방이 달무리 진 모습으로 어디에서도 보기 어려운 멋진 문을 만들었다.
2 충재고택 전경. 흰 회벽과 두 갈래의 길이 강한 인상을 준다. 집 뒤 소나무의 추상같은 호위 아래 지어진 집인 듯 하다.
3 중문에 입춘방을 써 붙인 것에서 혹독한 겨울을 건너와 봄을 맞는 마음이 보인다.

1 우물마루와 툇간.
2 하단에는 큰 돌로 쌓고 그 위에 토석담으로
쌓았다. 담 하단의 위세가 예사롭지 않다. 장대석으로
잘 다듬어진 계단은 가파르다.
3 바닥은 잔돌을 깔았고 접시꽃이 한창이다.
4 솟을삼문. 장대석으로 구성된 계단과 기단에
장대석을 놓은 모습이 남아다운 기개가 보인다.
가칠단청한 문은 좌·우 대칭의 통판문이다.
5 탈상을 하기 전까지 걸어 두는 의식용 제구다.
6 대청은 1고주오량가로 하고 대청과 방 사이는
3평주 오량가로 했다. 종보의 달무리가 독특하다.
대공은 판대공으로 했다.
7 손잡이에 달린 사슬이 두 개인
쌍환과 배목. 마름모 위의 광두정은 머리를 크고 넓게
만들어 장식을 겸하게 한 못이다.

13. 산청 남사마을

경남 산청군 단성면 남사리

사람의 역사보다 더 장구한 세월을 견뎌온 나무들의 마을

지리산 깊은 곳에 전통마을이 있다. 우리나라에서 가장 넓은 면적을 자랑하는 지리산이 있는 경남 산청은 산골이다. 산 높고 물 맑다고 하는 산골마을의 대명사처럼 산청은 깊고 맑다. 지리산 길목인 경남 산청군 단성면 남사리에는 18~20세기 전통한옥 40여 호가 자리 잡은 전통마을인 남사南沙마을이 있다. 남사마을에는 전통한옥 85채가 남아 있으며, 그중에서도 연일 정씨댁, 전주 최씨댁이 잘 보존되어 남부지방 양반가옥의 모습을 잘 보여 주고 있다. 깊은 산골에 번듯한 기와집이 여러 채 모여 있다는 사실은 예사롭지 않다. 옛날에 남사마을에는 성주 이씨, 밀양 박씨, 진양 하씨 등 여러 성씨가 수백 년간 살았고, 많은 선비가 과거에 급제하여 꽤 큰 마을을 이루었다. 고풍이란 퇴락되어 가는 맛이 아니라, 세월을 끌어안은 만큼 깊고 그윽한 맛을 가진 것을 말하는데 남사마을이 그렇다. 예사롭지 않은 역사를 안으로 품은 것을 이내 훔쳐볼 수 있다. 남사마을은 마을 북쪽의 실개천을 경계로 상사마을과 인접해 있다. 외부에서는 사월沙月 또는 남사南沙라고 부르며 두 마을을 함께 지칭하는 경우가 많다. 동제를 지낼 때에도 두 마을 사람들이 함께 참여하고 있다. 두 마을은 산촌에서 더불어 어우러져 사는 마을이다.

남사마을의 특이한 점은 마을 생김새가 반달 모양으로 생겼으니 반월을 메우면 안 된다고 믿어 중심부에는 집을 들이지 않고 농지로 남겨두었고, 상사마을에서도 마을이 배 모양으로 생겼다고 하여 우물 파기를 금해왔다고 한다. 마을 전체가 살아 있는 전통 역사박물관에 비견될 정도로 한국의 미를 잘 간직하고 있다는 평가를 받고 있다. 지리산 천왕봉에서 발원하는 청정수가 마을 중심부를 태극 문양처럼 굴곡을 이루며 흐르는 수려한 경관이 전통마을의 품위와 가치를 높여준다. "경북의 대표적인 한옥마을이 하회마을이라면 경남에는 남사마을이 있다."라고 말할 정도로 남사마을의 위상은 가볍지 않다.

우선 나무가 주는 역사성에 숙연해진다. 첫째, 600년 된 감나무가 있다. 하씨 고가인 분양 고가 울안에는 세종 때 영의정을 지낸 하연이 7세 때 심었다는 마을의 길흉화복을 함께한 노거수인 600여 년 된 감나무가 심어져 있다. 600년 동안 생명 있는 것들을 먹여 살린 감나무야말로 적선의 표본이 아닌가 싶다. 날씨가 춥고 비바람이 치면 도깨비가 나와서 감나무를 보호하였고, 그럴 때마다 하씨 집안에서는 경사스러운 일이 생겼다고 전한다. 둘째, 700년 된 매화나무가 있다. 분양 고가에 심어져 있는 나무로 고려 말의 문신 하즙이 심었다는 '원정매'이다. 몇백 년씩 묵은 이 마을의 매화나무는 대부분 관직에서 물러나 낙향한 옛 선비들이 심은 것인데, 특히 그중에서 '원정매'는 기품 있어 눈에 띄는 나무로 유명하다. 셋째, 300년 된 회화나무 또한 상징이다. 마을 초입, 이상택 고가로 가는 입구에 있는 나무로 서로 X자로 몸을 포갠 것이 인상적인 나무다. 회화나무는 삼정승을 상징하는 나무다. 사대부들의 이상인 출세의 정점이 삼정승 벼슬에 있다고 해도 과히 틀린 말이 아니다. 회화나무를 심는 집안에서 과거에 급제하고 훌륭한 인재가 난다고 하여 사대부들이 즐겨 심었던 나무다.

마을에서 가장 큰 집은 최씨 고가인데 1920년에 지었다. 3겹의 사랑채도 그렇지만 훵한 마당과 지붕이 크다. 이씨 고가는 성주 이씨의 종가이며 마을에서 가장 오래된 집으로, 안채는 18세기 초 건립되었고, 사랑채는 20세기 초에 건립되어 건립연도가 200년 정도 차이가 나는데, 구조적·조형적 차이를 비교 관찰하면 한옥이 변천해 온 과정을 알 수 있다. 마을이 끝나는 실개천 가에 서 있는 효자각은 1706년 나라에서 아버지를 해치려는 화적의 칼을 자신의

왼쪽_ 회화나무 두 그루가 악수를 하듯, 끌어안은 듯한 자세를 취하고 있다. 남사마을의 대표적인 상징물이 되어 있다.
오른쪽_ 지붕 위로 나무와 합각 부분이 머리를 들고 있다.

산청 남사마을 153

몸으로 막아낸 이윤현의 효심을 높이 사 세웠는데, 중간에
불이 나서 타버린 것을 1958년 이씨 문중에서 지금 위치에
다시 세웠다. 마을 안쪽에 이윤현을 추모하기 위해 세운 사
효재思孝齋가 있는데, 80여 년 전에 지은 건물이다.

영산 신씨 고가와 행랑채 앞 연자방아 신씨 고가는 각각
경상남도 문화재자료 제109호와 제354호로, 담장 하나를
사이에 두고 서로 이웃해서 자리한다. 남사마을의 첫인상
은 무엇보다도 토석담 골목에 있다. 골목에 들어 걷다 보면
고택이고, 정자요, 다시 토석담 길을 걸으면 또 다른 고택
이고 고목이 눈길을 잡는다. 옛 모습을 그대로 간직한 토석
담이 유난히 정겹게 느껴지는 마을, 큰 기와집에 솟을대문
과 높은 담장들로 자연 산세와 인위의 권세가 화답하듯 어
우러진 남사마을은 산촌의 양반마을이다.

1 토석담의 높이가 담장 너머를
바라볼 수 없는 높이다. 서민 집과 다르게
사대부 집은 담장이 높다.
2 남사마을은 나무가 더 오래 산다.
회화나무가 집보다 높은 곳에서 굽어보고 있다.
3 남사마을 영모재.
단순미와 웅장함을 겸들이려 한
흔적이 보인다. 제사를 지내던 곳이라
권위와 더불어 엄숙함이 보인다.

1 가로축으로 두 열을 내어 단정하다. 두 열의 중심은
집이 아니라 담장이다.
2 자연석이 위로 올라갈수록 작아지고 흙의 배합이 더해진다.
퇴적층의 층위처럼 토석담의 시간대가 다르다.
3 툇마루 끝에 누마루를 올렸는데
목재의 굵기가 주는 투박함이 오히려 듬직하게 보인다.
4 토석담에 기와를 얹은 것은 얹은 대로,
돌각담에 평석을 얹어 마무리한 것은 자연스러운 대로
나름의 미를 만들어 내고 있다.
5 병을 놓고 일정한 거리에서 병 속에 화살을 던져 넣는
투호 민속놀이. 궁과 양반 집안에서 주로 행해지던 놀이인데
다양한 색으로 모양을 내었다. 옆에 굴렁쇠도 있다.

泗陽精舍

東風吹雨日微涼

人情易夜難爲月

13-1. 사양정사

泗陽精舍 | 경남 산청군 단성면 남사리

퇴색도 아름다움인 것을 사양정사에서 만난다

지리산은 산으로 들어가면 그 안에 또 산이 나온다. 산 속에 산이 있고 산 밖에 산이 있다. 남사마을은 산과 산으로 중첩된 깊은 지리산 안에 있는 마을이다. 18~20세기 전통한옥 40여 호가 자리 잡은 전통마을이다. 호와 채를 구분하는 경우로 '호'는 일정 단위면적 안에 집을 이루는 여러 요소를 합한 개념이다. 안채, 사랑채, 부엌까지를 합한 것이 호이다. '채'는 단독으로 이루어진 건물을 말한다. 집 하나에 여러 채의 건축물이 들어선 경우가 있는데 전체를 하나의 단위로 본 것을 호라고 하고, 하나하나를 독립적으로 본 것이 채이다. 최씨 고가 한옥은 경상남도 지방문화재 제117호로 지정되었고 83년 전에 건축되었다. 사양정사는 이곳 남사마을에 있는 연일 정씨 문중의 재실이다.

사양정사는 연일 정씨 선조의 위패를 모신 재실로서 '사양정사'라는 말은 사수천泗水川의 남쪽이라는 뜻을 담고 있다. '사수'란 공자의 고향인 중국 산동성 곡부에 있는 강 이름인데, 공자를 흠모하는 뜻으로 남사마을 뒤를 감싸고 흐르는 개울을 사수라 부른다. 사수천泗水川의 '泗'자와 햇볕 '양陽'자를 써서 해가 떠올라 있는 남쪽임을 암시하고 있다. 조선시대 사육신 사건으로 말미암아 정몽주의 손자가 이곳으로 귀양 와서 연일 정씨의 중시조가 되었다. 중시조란 쇠퇴한 가문을 다시 일으킨 조상을 말한다. 현재에도 연일 정씨의 후손들이 다수 거주하고 있다. 귀양지에 터를 닦고 눌러앉은 그 마음은 무엇일까. 별로 내려진 귀양에 대해 당당해서였을까. 남사마을의 사양정사는 어깨에 힘이라도 들어간 듯한 의젓함이 보인다. 귀양지에서 삶을 다시 시작하고 집안을 일으켜 세운 사람, 아무래도 당차고 기개가 있어 보인다. 그러기에 다시 일어섰을 것이다. 한 가문을 일으키는 일이 한 사람의 역량에 달렸음을 본다. 영웅이 세상을 이끌어가듯이 중

시조는 가문의 영광을 다시 재현하여 집안을 일으키고 마을을 일으킨다.

70여 년 전에 지은 최고령씨 사랑채 사양정사는 정면 7칸 측면 3칸으로 단일 건물로는 상당히 큰 규모로써 내부에 이중 다락이 있고 안채는 살림도 겸하고 있다. 1935년부터 정씨의 소유로 되어 있다. 건립 이후 주로 자손을 교육하거나 문객을 맞아 교육하는 용도로 사용되었는데, 후학을 양성하고 선비들의 모임 장소로써 든든한 건물이다. 단일 건물임에도 보통 가옥의 2~3배 정도는 된다. 훤칠한 높이의 솟을대문이 서 있어 안이 들여다보이고 안쪽 정면으로는 '사양정사泗陽精舍'란 현판이 보인다. 사양정사는 솟을대문 옆으로 세워진 맞배지붕 형식의 기와를 얹은 행랑채가 보조하고 있어, 언뜻 보면 솟을삼문 같은 기분이 들어 위엄 있게 보인다. 토석담은 오래되었음을 보여주는 듯, 담에서 흙이 빠져나간 모양에 마음이 더 끌린다. 퇴색도 아름다운 것임을 한옥에서 배운다. 사람의 손길이 닿으면 이렇게 곱고 향기로울 수 있다는 것을 사양정사에서 확인하게 된다. 창호가 어찌나 고급스럽고 품위가 있는지 당시 장인의 정성어린 손길과 숨결이 곳곳에서 느껴진다.

왼쪽_ 계단과 기단, 디딤돌, 편액과 주련 모두가 강직하다. 사수천泗水川의 '사泗'자와 햇볕 '양陽'자를 써서 해가 떠올라 있는 남쪽임을 암시하고 있다.
오른쪽_ 왼쪽은 머름이 있는 세살 쌍창과 빗살 광창을 두었고 오른쪽은 빗살청판분합문으로 불발기창이다.

위_ 단일 건물로는 일반 한옥과 비교하면 두세 배나 크며 내부에 이중 다락도 있고 안채는 살림도 겸하고 있다.
아래_ 지붕이 날개가 되고 누마루의 가벼움이 금세라고 날아갈 것만 같은 모습이다.

1

2

3

1 언뜻 보면 솟을삼문처럼 보이는 좌·우 행랑채가 있는 솟을대문이다.
2 높은 돌담의 위계는 오히려 자연스러워 보이고 초록이 마음을 더 끈다.
3 마당이 넓게 이어져 있다. 시야가 확 트인 곳에 누마루가 자리하고 있다.

1 대청. 제사를 지내던 공간답게 웅장한 느낌과 엄숙함이 있다.
왼쪽은 빗살청판분합문의 불발기창으로 하고 오른쪽은 머름이 있는 세살쌍창과 빗살광창으로 했다.
2 마치 궁궐의 회랑처럼 길고 우람하다. 민가에서는 보기 어려운 모습이다.
원형기둥도 민가에서는 사용할 수 없었다.
3 누마루에서 바라본 대문의 모습. 솟을대문이 날개를 단듯하다.

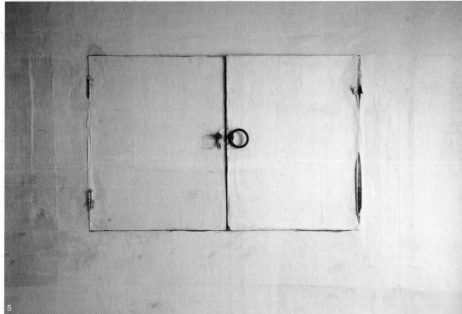

1 오량가로 새 날개처럼 뾰쪽하게 생긴 보 방향 살미 부재인 동자주익공이 보인다.
2 계자난간으로 하엽에 문양을 넣어 꽃이 핀 것 같다.
3 방과 방을 만살 미서기문으로 이어서 만들었다.
4 방바닥은 콩댐을 하고 완자살 미서기문으로 방을 연결하고 종이반자로 천장을 마감했다.
5 벽에 붙어 있는 여닫이 도듬문. 한지를 발라 문고리와 배목만 보인다.
6 기단을 달리해서 오르내림을 좋게 하면서도 누마루의 기둥을 길게 뽑을 수 있어 시원하다.

14. 산청 단계마을

경남 산청군 신등면 단계리

마을이 배의 형상이라 고향을 떠나야 출세할 수 있다는 믿음의 마을이다

단계마을을 흐르는 물 이름이 단계다. 단계는 이 지역의 흙이 황토로 붉은 물이 흘러간다 해서 단계丹溪라고 했다. 산청의 황매산 자락에 자리하며 단계천을 낀 준 평야지대에 속하는 마을이다. 단계가 있는 신등면은 '등 따숩고 배부른 마을'로 손꼽혔으며 유명한 '산청쌀'이 이를 뒷받침하고 있다. 자연히 세도가와 부농이 모여 살아 인물이 많이 난 마을로 알려졌다. 마을의 형국은 '배 주舟'자 모양이다. 예로부터 물이 밀려와 수해를 자주 입었다. 이는 돛대와 삿대가 없기 때문이라 여겨 가까이 있는 고목에 돛대와 삿대를 걸쳐 두니 수해가 사라졌다는 마을의 전설이 전형적 농촌마을임을 보여 주고 있다. 전설은 마을의 결속과 위안을 안겨 주는 역할을 톡톡히 하고 있다. 산청은 대표적인 산악마을인데 그래도 단계마을은 넓은 논이 있어 풍요를 구가할 수 있는 곳이다. 마을 내 전통주택들은 조선 후기에서 근세에 이르는 시기에 건립된 부농주택으로 규모가 매우 크고 권위적이다. 전통마을의 특성을 간직하고 있으며 돌담길이 주는 정취는 남다르다. 담이 아름다우면 안에 사는 사람의 마음도 넉넉하리라. 각기 다른 모양으로 담장을 이루었음에도 다 같이 정답고 다정하게 보인다.

신등면 단계마을은 280여 세대 690여 명이 거주하고 있으며 50여 채의 한옥이 있다. 제법 큰 마을이다. 그중에서 단계박씨 고가와 안동권씨 고가 등이 둘러볼 만하다. 마을 앞쪽에 자리한 박씨 고가는 시도민속자료 제4호로 지정된 것으로 지어진 지 380년이나 되었다. 서양처럼 돌로 된 집이 아닌 나무로 된 집이 300여 년을 견딘다는 것은 뜻밖이다. 우리나라의 목조 건축기술이 뛰어나기도 하지만, 나무의 질도 단단하고 내구성이 있음을 보여 주는 사례다. 우리 한옥은 못을 쓰지 않고 결구에 의해 짜 맞추는 방식이어서 지진에 오히려 강하다고 한다. 우리의 고대국가에서 지은 것으로 알려진 일본 교토의 호류사 같은 절집이 아직도 건재한 것을 보면 이 견고함을 알 수 있다. 단계박씨 고가는 안채, 사랑채, 문간채로 이루어져 있다. 경남 지역의 중류 자영농 가옥의 모습을 잘 보여 주는 집이다. 단계마을에

서 전통한옥 중 단계박씨 고가는 전통민가와 상류주택 요소가 적절히 변형, 결합하였다. 지금은 안채와 사랑채를 나누는 담은 사라져 넓은 마당이 시대의 변화를 느끼게 하지만, 한때는 위엄과 권위가 넘쳤을 것이다. 근대기 경상남도 서부지방의 중류자영농가의 대표적인 살림집으로 원래 모습을 비교적 잘 보존하고 있다. 권씨 고가는 문화재자료 제120호로 지정된 건물이다. 마을 뒤편 길가에 자리한 권씨 고가는 높은 솟을대문이 특징이다. 1930년대 지은 이 집은 다른 집들과 달리 대문, 안채, 사랑채가 남쪽을 향해 一자형으로 배치되어 있다.

전통가옥의 지붕들과 잘 어울리는 돌담길은 돌담과 토석담이 혼재되어 있다. 높이 2m 정도로 높은 편이다. 담 하부는 방형에 가까운 큰 돌로 진흙을 사용하지 않고 메쌓기 방식으로 쌓았으며, 그 위에는 하부에 사용한 돌보다 작은 돌을 사용하여 진흙과 교대로 쌓아 올렸다. 담 상부에는 판석을 담의 길이 방향으로 담 안팎에 3치 정도 내밀어 걸치고 그 위에 기와를 올렸는데 이는 기와의 흘러내림을 방지하기 위한 것이다. 전체적으로 이 마을의 담장은 전형적인 농촌가옥들과 잘 어우러져 있고, 특히 단계박씨 고가 진입부의 돌담길은 독특한 이미지를 자아내고 있으며 보존상태 또한 양호하다. 담의 길이는 약 2,200m이고 주로 토석담으로 이루어져 있다. 토석담 상부 판석 위에는 기와를 올렸다.

단계마을에 있는 석조여래좌상은 고려시대 불상으로 연꽃을 새긴 좌대 위에 가부좌하고 앉아 있다. 특이한 점은 오른손은 떨어져 나가 없고, 왼손을 가슴 앞에 두고 약탕관

왼쪽_ 막돌허튼층쌓기의 토석담으로 막돌을 가지런히 쌓지 않고 흩트려 놓은 것처럼 막 쌓았다. 넉넉하고 느슨한 마음의 소유자는 엉뚱한 창조를 불러온다.
오른쪽_ 황토 빛이 다르다. 흙도 세월이 가면 산화한다. 대신 담쟁이넝쿨을 품었다.

산청 단계마을 163

을 들고 있다. 팔 하나가 없는 것은 풍수지리설과 관련이 있는데 불상의 두 손이 모두 있으면 배를 저어 떠난다 하여 한쪽을 떼어 냈다고 한다. 불상의 손이 없는 것도 풍수지리

설에 의한 셈이다. 마을은 전설과 함께 풍요로워지고 소속 감을 더욱 키워가고 있다.

1 화초와 나무가 자연스럽게 자라는 모습이 한국인의 심성이 그대로 담겨 있음을 본다.
화단과 마당을 굳이 구분하지 않는 마음이 보인다.
2 중인방 사이에 만들어진 정감있는 눈꼽재기창이 실용적인 용도로 쓰였다.
3 지붕마루와 박공과 회벽으로 단순하게 처리한 합각이 어울린다.
4 맞배지붕 밑에 작은 눈썹지붕을 만들어 빗물이 들이치는 것을 막았다. 보기 드문 양식이다.

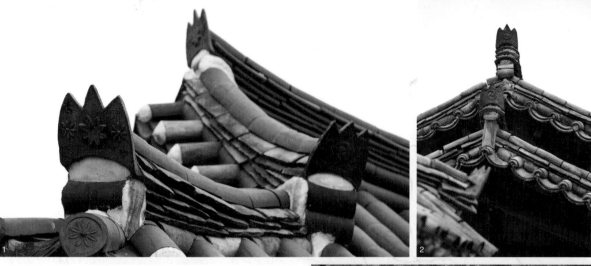

1 용마루와 내림마루, 그리고 추녀마루가 하늘 아래 흘러내리고 있다.
망와는 흐름의 경계인데 별을 상징한 모양이 붙어 허공을 빛내고 있다.
2 강물이 흐르면서 퇴적층을 만들듯이 두 기와지붕이 겹쳐지고, 망와는 고개를 번쩍 들었다.
3 정확하게 좌·우 대칭인 솟을대문으로 웅장해 보인다.
4 사주문의 중심선에 건물이 들어섰다. 지붕의 겹침이 이채롭다.
5 대문에 수리한 흔적이 여러 곳 보이고 빗장과 빗장둔테가 여러 개 달렸다.
6 샛담에 설치한 협문이 직선을 고집하고 있다.

14-1. 권씨 고가 權氏古家 | 경남 산청군 산등면 단계리

중류농가의 모습을 잘 간직하고 창호가 옛 방식 그대로다

경상남도 문화재자료 제120호인 권씨 고가는 마을 거의 뒤쪽에 자리 잡고 있다. 집 앞으로 난 길에 인접해 솟을대문이 서 있고 규모가 크다. 솟을대문을 열고 들어서면 밖에서의 시선을 막기 위해 나지막한 토담을 쌓아 그 너머로 사랑채 윗부분이 보이는 가림벽을 세웠다. 가림벽을 쌓아 안채가 보이지 않게 하는 것은 조선시대의 일반적인 가옥에서 볼 수 있는 형태다. 전체 7동의 한옥 중 권씨 고가는 근세기초 남부지방 부농주택의 면모를 잘 보여 주는 집으로 대문과 안채, 사랑채가 각각 一자형으로 남향하고 있다. 3대가 적선해야 남향이나 동남향 집에 살 수 있다고 하는 속담도 있다. 가림벽을 옆으로 돌면 널찍한 사랑마당이 나타난다. 사랑마당은 사랑채와 주변건물 그리고 문간채로 둘러싸여 있다. 사랑마당이 이렇게 널찍한 것은 작업마당으로도 쓰이고 또한 마을의 대소사도 치르는 의식공간으로도 쓰였기 때문이다. 사랑채 좌우로는 덧집이라 부르는 간단한 목조건물이 있다. 덧집에는 각각 작업공간과 집 밖으로 난 출입구가 있다. 많은 식솔을 거느린 집에서 실용적으로 주택공간을 적절히 구분하고 연결한 예다.

양반집과는 달리 사랑채는 장식을 절제하여 화려하게 꾸미지 않았다. 튼튼한 원기둥 위에 굴도리를 얹은 견실한 구조이다. 정면 6칸 측면 3칸으로 규모가 크다. 사대부 집의 구성과는 달리 사랑채에서 안채로 통하는 중문을 생략하고 사랑채 옆으로 트인 공간을 지나면 안채이다. 안마당은 안채와 행랑채, 곳간채, 사랑채 뒷면으로 둘러싸여 있고 사랑마당과 마찬가지로 널찍하여 넉넉한 공간이다. 안채는 정면 6칸 반, 측면 3칸 규모로 잘 다듬은 주춧돌 위에 사각기둥을 세우고 팔작지붕을 갖추고 있다. 안마당의 동쪽에 있는 곳간채의 모습도 특이하다. 곳간채는 보통 나무기둥을 세우고 그 사이를 나무 널판으로 막아 벽을 삼는 것이 일반적이다. 판벽 대신에 토석벽을 지붕 높이까지 쌓아 올려 곳간채를 마무리했다. 튼튼하게 흙벽으로 둘려져 지붕을 받치는 내부로 들어가면 가운데 기둥이 없는 넓은 공간이 된다. 벽이 기둥의 역할을 하고 있다.

곳간채 옆으로 터진 공간을 따라가면 대농답게 디딜방앗간이 있고 정감 어린 장소로 장독대도 있다. 기와를 얹은 낮은 토담으로 구획된 ㄷ자형 공간에 항아리와 옹기들이 있다. 장독대는 햇볕이 잘 드는 곳으로 여성공간이면서 가장 한적한 곳이다. 항아리 가운데의 불룩한 곡선과 장독대 흙담의 직선이 조화를 이루고, 그 뒤로 보이는 훤칠한 키의 나무와 어울려 생활공간을 아름답게 만들고 있다.

큰 집을 여기저기 둘러보니 실용적인 집이다. 수납공간을 위한 마음 씀이 보인다. 안채와 사랑채 대청의 북쪽 뒷면을 벽으로 막고 벽장을 만들었다. 안채의 동쪽 끝 부분을 확장해 계단을 설치해 다락을 만들고 별채에 목욕탕을 만든 것 등이 눈에 뜨인다. 부촌답게 기와집이 많은 단계마을에서도 권씨 고가는 창호가 옛 방식 그대로 있는 중류농가의 모습을 잘 간직하고 있다.

권씨 고가는 시대에 따른 변화를 온몸으로 받았다. 근대화되면서 바뀌는 신분제도와 경제생산방식에 대응해 우리의 전통주택도 변모해 가는 모습이 담겨 있다. 아쉬움은 전통가옥과 현대가옥의 유사점이 없이 단절되었음을 본다. 변화를 모색하면서 우리 전통의 장점을 고수하는 선순환의 맥을 잇지 못한 것이 아쉽다. 변화는 있으나 전통을 받아들이지 못한 현대건축들은 내내 허전하다.

왼쪽_ 무고주 오량가. 연등천장 밑으로 들어걸개문을 고정할 걸쇠가 길게 걸려 있다.
오른쪽_ 수원화성 공심돈의 한 부분 같이 보인다.

위_ 광의 기단은 한 단으로 만들어진 외벌대로 했고 사랑채는 두벌대로 했다.
아래_ 엄격한 좌우 대칭의 분할구도를 보이다가 왼쪽 아래에서 갑자기 까치발을 대여 대칭을 허물었다.

1 넓은 대청마루 건너편으로 보이는 풍경이 큰 집임을 보여준다.
한옥에서는 열린 공간에 담기는 건축물이 풍경이 된다.
2 들어걸개문을 위로 걸어 올리면 생기는 공간이 조상신을 모시던 가묘家廟가 있던 곳이다.
3 단순미가 돋보이는 광이다. 좌·우 대칭으로 완벽한 균형을 보여준다.

1 지붕과 합각벽, 샛담과 굴뚝이 모두 하나의 옷을 입었다.
2 밖에서 안이 훤히 들여다보이지 않도록 헛담을 쌓았다. 서민 집의 돌담이 어깨선 아래인 것과는 또 다른 은폐방법이다.
3 왼쪽에 열려 있는 부분이 측간이다. 측간을 높게 설치하고 오른쪽 공간에 헛간을 두어
퇴비를 쉽게 만들 수 있는 구조의 공간이다.

1 추녀 밑을 받치는 까치발을 세워 삼각형의 빈 부분을 흙으로 매운 것이 각별하다.
구조의 보강이다.
2 기하학적 면 분할이 절묘하다. 현대미술을 대하는 듯하다.
3 숫대살 미닫이문, 빗살과 만살 광창의 한지를 거쳐 들어오는 빛이 은은하다.

1 한옥의 도듬문에는 묵화와 묵서가 제격이다.
2 한옥에서는 보기 드문 욕조의 모습이다. 현대식 시설처럼 정돈돼 있다.
3 욕조. 밖에서 불을 지펴서 물을 덥히는 구조이다.
4 추녀나 부연 끝에 나무가 썩지 않도록 토수를 끼우는데
이곳을 암키와로 막았다.

1 벽면의 분할과 목재를
보호하기 위해 열어 놓은 개구부분이
어울린다. 각과 곡의 만남이다.
2 다락으로 올라가는 계단과 문.
3 툇마루 끝에 세련미가 있는 붙박이
수장고를 설치하였다.
4 아궁이와 부뚜막.
위에 여닫이 눈꼽재기창을 달았다.
5 통풍 및 일조를 위하여 만든
광창을 고급스럽게 만들었다. 사각형과
팔각형의 조합으로 변화를 주었다.
6 벼락닫이창으로 광창이다.
빛을 적당히 들여놓아 눈부시지도 않고
어둡지도 않은 것은 한지가 가진
매력이다.

15. 성주 한개마을 경북 성주군 월항면 대산리

조선의 모습이 그대로 남아 있어 그 모습이 그대로 향기가 된다

정형을 고집하지 않은 토석담의 고향 빛깔이 주는 정감, 직선을 고집하지 않은 길과 담의 휘어짐에서 편안함을 느끼게 하는 마을이다. 한개마을은 새로운 출발을 하고 있다. 2007년 12월 31일 중요민속자료 제255호로 지정되었다. 더불어 경상북도 문화재로 지정된 건축물과 민속자료 등이 많이 있는데, 월봉정, 첨경재, 서륜재, 일관정, 여동서당 등 다섯 동의 재실이 있고, 이진상이 학문을 닦던 한주종택, 20세기 초 한옥인 월곡댁, 마을에서 가장 오래된 교리택 등이 경상북도 민속자료로 지정되어 있다.

한개마을은 영취산 아래 성산 이씨가 모여 사는 전형적인 집성촌이다. 조선 세종 때 진주 목사를 지낸 이우가 처음 자리 잡고 나서 대를 이어 살아왔다. 현재 이정현의 후손들이 집성촌을 이루고 있다. 조선시대에 지어진 100여 채의 전통 고가가 옛 모습 그대로 보존되어 있는데, 각 가옥이 서로의 영역을 지켜가며 때론 어깨를 나누며 유기적으로 연결되어 있다.

영남 최고의 길지로 꼽히며, 조선 영조 때 사도세자의 호위 무관을 지낸 이석문, 조선 말기의 유학자 이진상 등 명현을 많이 배출하였다. 호위 무관을 지낸 이석문은 사도세자의 죽음을 막으려고 사도세자가 뒤주에 갇히는 현장에서 후일 정조가 되는 세손을 업고 들어가 육탄으로 영조에

게 호소하였으나, 무위로 끝나고 곤장을 맞고 파직까지 당한다. 집으로 낙향하여 원래의 문을 떼어내고 북쪽을 향하여 문을 새로이 냈다. 그 문이 북비고택이라는 일각문으로 이석문은 죽을 때까지 사도세자를 그리며 아침마다 북쪽을 향하여 절을 올렸다고 한다. 한개마을은 역사가 묻어나지 않는 곳이 없다. 조선의 삶의 모습이 그대로 남아 있어 그 모습이 그대로 정취가 되고 향기가 된다. 마을을 휘어져 돌아가는 길은 그리움을 품에 안고 있다. 길을 떠나면서 뒤돌아보게 하는 마음은 정착민의 온정일 것이다. 500년이 넘는 역사는 정착의 골이 얼마나 깊고 뿌리를 든든하게 내렸는지 가늠하기가 쉽지만은 않다.

한개마을을 가보면 500년이란 세월이 그대로 내려앉은 모습에 감동하게 되지만, 집마다 사람들이 그대로 일상의 삶을 일구어 가는 역사와 삶의 온기가 만나게 되는 현장이 바로 한개마을이다. 살아 있는 현장에서 집마다 가족의 역사를 만들어 낸다. 종택에는 종가의 종손이 머물고 있고 가풍에 따라 나름의 전통은 조금씩 다르지만, 한개마을이라는 큰 울타리 안에서 다시 만나고 있다.

한개마을은 길이 아름다운 한국의 전통마을이다. 능청스럽게 휘어지기도 하고 지형에 따라 오르고 내리는 길이 하나의 자연이다. 한국의 전통마을의 길은 사거리가 드물다.

왼쪽_ 나무는 직립으로 서 있다. 몸을 바람에 풀어놓고 세월에 풀어놓은 듯 하다. 누마루도 당당히 서 있다.
오른쪽 1_ 북비고택. 종택의 모습이다.
오른쪽 2_ 하회댁. 전통한옥의 빈 마당과는 다르게 잔디를 깔았다. 농사를 짓지 않는 요즘에는 흔한 풍경이 되고 있다.

1

2

3

대치를 피하려는 마음의 온기 때문이다. 삼거리로 만나는 것이 일반적인 전통마을의 길의 모습이다. 여기서도 직선을 고집하지 않고 땅의 모양을 따라가는 곡선으로 길은 만들어졌다. 마을 길은 담의 여백이기도 하고 투영이기도 하다는 듯 담을 따라 걸어간다.

얼마나 세상을 받아들였으면 그처럼 능청스럽게 아름다울 수 있나 싶다. 화난 놈을 끌어안고 도닥거리고, 응석부리는 놈을 끌어안고 타이르는 것처럼 제멋에 겨운 제 각각의 형과 선을 다 받아들였음에도 어색하지 않은 아름다운 정경을 만들어 내는 것은 무슨 곡절일까. 한국미의 으뜸은 비정형 속에 정형을 만들어 내는 특출함이 아닌가 싶다. 길가에 그림자도 한몫 자리를 차지했다. 둥근 돌도 안고, 모난 돌도 안고, 이지러진 돌도 안은 황토는 얼마나 세월을 끌어안았을까 생각해 본다. 바위가 돌이 되고, 돌이 흙이 되기 위해 보낸 시간은 또 얼마였을까. 흙은 또 얼마나 세상의 혼탁과 투명한 하늘을 가슴으로 받아들였으며 스산한 가슴을 쓸어내리고 받아들이고 했을까. 돌보다는 흙이 더 많은 세월과 애증을 담고 있다. 그러기에 돌을 끌어안고 돌담이란 형태를 보이게 하는 것은 흙이다. 포실한 흙이 풀이 자라도록 몸의 한 부분을 내어 준다.

한개마을의 집마다 마련된 장독대는 언제 보아도 마음이 따뜻하다. 마음이 안정된 자들의 필수품이기도 하다. 유목민에게는 있을 수 없는 정착의 상징이다. 항아리는 키가 작은 놈이나 키가 큰 놈 모두 뚱뚱하기는 마찬가지다. 돌담을 기어오르는 담쟁이넝쿨의 붙임성이 보통이 아니다. 넉넉한 받아들임의 미학과 마음이 어우러지고 버무려져서 만들어진 공간인 경북 성주의 한개마을은 참 아름다운 마을이다.

1 500년의 세월이 고스란히 내려앉은 전통마을이다. 사람은 마을에 기대고 마을은 자연에 기대어 살아온 세월이 차곡차곡 쌓여 있는 마을이다. 마을로 들어서면 전통이 조근조근 전해 주는 이야기에 시간 가는 줄 모른다.
2 월곡댁. 기단이 멋진 집이다. 기단이라기보다는 지형의 기울기를 받아들이기 위한 석축의 의미가 더 크다.
3 진사댁. 꽃은 언제나 반갑다. 토석담 너머에 있는 초가가 순박하고 정감있게 느껴진다.
4 숲 속에 오막살이집이 있는데 담장은 키를 낮추어 들어오지 말라는 영역으로 보이지 않는다. 낮게 자리한 마음이 정주하고 사는 곳인 듯 하다.
5 한개마을은 풍수지리적으로 명당에 위치한다. 옛날에는 마을 앞으로 배가 들어오기도 했다고 한다.

4

5

1

2   3   4

1 정감이 넘치는 토석담이다. 흙만으로 쌓는 토담은 물에 약해지기 쉬워 돌을 섞어 함께 쌓는다.
2 사도세자에 대한 충절의 상징이었던 북비고택 일각문이 한양을 향해 북으로 나있다.
3 교리택. 들어걸개문과 마당을 막아선 담장이나 담장 너머 세상이 다 같이 아름답다.
4 교리택. 연못가에 자라는 노랑꽃창포가 사람을 반기고 있다.

1 길이 허리를 휘어가며 담을 만나고 있다. 대지가 주고받는 지형을 그대로 받아들인 길이 편안하다.
2 암키와와 수키와가 만나고 적새 위에 하늘을 향해 연 망와와 머거불이 하늘과 만나고 있다.
망와를 어디에서도 보기 어려운 세 쌍으로 만들었다.
3 암키와는 납작하게, 수키와는 둥근 모습으로 담장을 덮었다. 그 너머 사람의 보금자리가 보인다.
4 어느 나라의 담이 이리도 천연덕스럽고 능청스러우면서 아름다운 담이 있을까 싶다.
어디 하나 직선을 들여놓은 곳이 없다.
5 한개마을의 옛 빨래터 풍경.
6 극와고택. 마루 귀틀의 자연목을 상부만 수평을 맞추고 하부는 휘어진 그대로 이용하여
너그럽고 여유 있어 보인다. 자연석초석의 모양도 좌우가 다르다.

15-1. 한주종택
경북 성주군 월항면 대산리 408

성리학 중에서도 주리론에 무게를 둔 가문

한개마을은 한자로는 대포리大浦里인데, '큰 개' 대신 '한 개'라고 부르며 여기서 '개'는 포구의 우리말이다. 한개마을은 조선의 성리학을 받들고 이어온 전통마을이다. 마을의 중심이 되는 길을 따라 올라가다 보면 한주종택이 보인다. 한주종택은 종택과 한주정사가 문을 따로 내고 앉아 있다. 종택을 들어서면 가장 먼저 눈에 띄는 것이 '주리세가主理世家'라는 현판이다. 종택을 짓고 현판을 내건 사람의 면모와 철학을 먼저 보는 것이 집 구조를 보는 것보다 먼저일 듯싶다. 주리세가主理世家란 성리학을 대대로 이어가는 집이란 뜻이다. 성리학 중에서도 주리론에 무게를 둔 가문이란 것을 알 수 있다. 한주종택 주인의 정체성과 가치관을 읽을 수 있는 대목이다. 집주인의 역사와 철학이 그대로 드러난다.

한주종택에는 특이하게도 한주종택을 처음으로 지은 사람의 이름을 내세우기보다 100년 후에 한주종택을 중건한 한주 이진상과 그의 아들과 손자의 호를 내걸고 있다. '한주寒洲·대계大溪·삼주三洲'라는 내리 삼대에 걸친 호를 세 개의 편액으로 만들어 현관으로 붙인 것이다. 한주 이진상, 그의 아들 대계 이승희, 또 대계의 아들 삼주 이기원 3대가 성리학을 연구하고 가르쳤다.

한주종택은 대쪽 같은 선비정신이 살아 있는 집이다. 한주종택은 이진상의 생가다. 한주종택을 지은 사람은 한주의 증조부 이민검이다. 영조 43년인 1767년에 지어져 100년 후인 고종 3년, 1866년에 이진상이 중건하였다. 이진상의 호가 한주이므로 한주종택이라 부른다. 성주이씨의 종택으로 종택에 한주 이진상의 이름을 딴 것은 그만큼 그가

왼쪽_ 밖에서 한주종택 대문을 바라본 모습으로 오른쪽에 정사가 있고 정면에 보이는 대문은 평대문이다.
오른쪽_ 한개마을에서 산에서 가장 가까운 곳에 있어 경관이 뛰어날 뿐 아니라 산과 만나 숲 속에 든 듯 하다.

탁월하고 깊은 성리학의 경지에 이르렀고 대가로 꼽히기 때문이다.

한주종택은 안채·아래채·고방채·중문간채·사랑채·대문채·사당·한주정사·행랑채·정자대문채 등으로 구성되었다. 한주종택은 안채를 중심으로 남향의 정침, 동향의 고방채, 서향의 아래채, 남향의 대문채를 튼 ㅁ자형으로 안마당을 감싸고 있으며 모두 一자형이다. 이러한 구조는 대산동 교리택, 북비고택, 월곡댁처럼 모든 활동은 안마당을 중심으로 하도록 배치한 것이며 이 지방 전래의 건물 배치이다. 정자로 들어가는 대문과 안채로 들어가는 대문은 약 50년 전에 초가이던 것을 허물고 다시 세웠다. 집에 정자인 한주정사가 있는 것이 특이하며 그 건축기법도 색다르다. 한주정사에 연못이 있는데 아주 특이하게 두 개의 연못이 나란히 있어 쌍지雙池라고 한다.

한주종택은 세 개의 공간으로 나누어져 있다. 공부와 연구 공간으로 한주정사가 있고, 거주 공간으로 안채와 사랑채가 있다. 또 조상을 모시는 사당이 있다. 우리나라 종택에서 흔히 볼 수 있는 공간구성이다. 우리 전통한옥은 사람과 신과 그리고 가축이 함께 한집에서 사는 특별한 구조를 하고 있다. 가축도 집안으로 들여 가족의 일원이 되게 하고 있다. 한주종택은 중문은 남향, 안채로 들어가는 대문은 동향이다. 정자와 안채와의 사이에는 내담이 있고 협문인 일각문으로 출입하도록 되어 있다. 안채의 출입동선은 동쪽

대문을 통하게 되어 있어 독립채로 一자형인 사랑채 앞마당을 지나 중문으로 출입하게 되는데, 주거의 지형에 따른 배치와 접근로의 위치관계로 대문이 동향 또는 서향하게 되는 차이는 있으나 사랑채 앞을 지나 중문을 통하는 방법은 이 지방의 공통적인 특성이다.

한주종택 대문에서 밖을 바라다 본 모습.
길과 마당이 같은 높이로 평면을 이루고 길은 마당에 닿아 잠시 쉬어 간다.

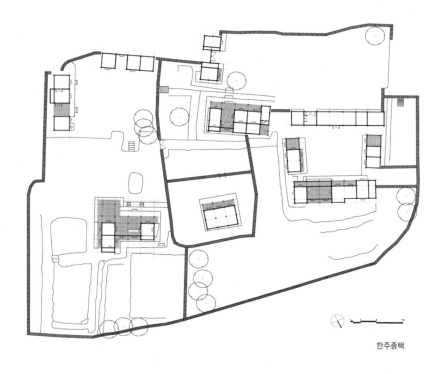

한주종택

1 집의 권위와 위계가 보이도록 기단을 두 개의 층으로 나누어 들여 쌓았다.
집안이 보이지 않도록 한 효과와 조망을 위한 방법이기도 하다.
2 무고주 오량가로 가구 맞춤이 천장에서부터 마루까지 빈틈이 없다.
3 한주정사 현판과 연등천장, 선자서까래의 가구구성이 가지런하면서 정갈하다.
4 한지를 곱게 바른 방의 흰빛이 주는 은은함과 바닥의 콩댐한 노란빛이
잘 어울린다. 마당에서 반사된 빛이 들어오거나 처마에서 한 번 거른 빛이 들어올 때
한지가 주는 멋은 환상적이다.

1

2

3

1 누마루에서 내려다본 모습. 자연 속에 누가 들어선 모습이다.
바람도 걸림 없이 스쳐 지나가는 바람의 정자다.
2 퇴칸의 원기둥과 누마루의 누상주, 누하주, 활주가 어울린다.
3 한주정사의 모습이 의젓하다. 기단과 누각이 뒷산 산마루의 높이와 잘 어울린다.

1 누마루가 훤칠하다. 구석부분에 까치발을 달았다.

2 합각을 중심으로 내림마루와 추녀마루의 선이 받쳐주고 있다. 담장과 함께 자리해서 더 잘 어울린다.

3 용마루, 내림마루, 추녀마루 선이 망와와 만난다. 한옥의 아름다움은 선에서 나타난다.

4 내담에 협문이 달렸다. 문 안에 또 문이 보인다. 신분에 따르거나 남녀의 공간이 달랐던 조선시대 한옥은 담과 문이 많다.

5 널판문. 세월만큼 틈새는 벌어졌으나 나무의 생김새에 따라 짜 맞춘 모습이 세월만큼 따스하다.

6 측간 모습.

7 담장도 모양새를 갖췄다. 층층이 단을 내리며 앉은 품새나 격이 고품격이다.

15-2. 북비고택

北扉古宅 | 경북 성주군 월항면 대산리 421

문을 북쪽으로 내고 사도세자가 묻힌 북쪽을 향하여 절을 한 북비공의 충절

북비라고 적힌 일각문을 들어서면 남쪽을 향해 앉아 있는 건물이 보이는데 이것이 북비고택北扉古宅이다. 특이하게도 건물의 앞부분이 아닌 뒷부분이 먼저 보인다. 이는 북쪽으로 일각문을 냈기 때문이다. 북비는 이석문의 충절이 깃들어 있는 곳으로 사도세자의 호위 무관이었던 이석문은 사도세자가 뒤주에 갇혀 죽자 그를 추모하려는 애절한 마음으로 북쪽으로 문을 옮겨 낸 것이다.

북비고택은 이석문을 빼놓고는 얘기할 수 없는 집이다. 이석문은 사도세자의 호위 무관이었다. 영조가 사도세자를 죽이려고 휘녕전으로 거동하여 "간신을 들여보내는 자는 죽을 것이다."라고 문지기에게 명하였다. 사태가 급박해지자 설서設書 권정침과 사서司書 임성이 후일 정조임금이 되는 세손을 모시고 와서 안으로 들어가고자 하였으나 문지기가 가로막았다. 이에 이석문은 "부자가 서로 헤어지는 마당에 어찌 임금의 교서를 기다리겠소?"라며 세손을 업고 문을 밀치고 들어갔다. 영조가 크게 화를 내며 나가라고 명하였으나, 엎드려 살피며 감히 물러나지 않았다. 세자를 뒤주에 들어가게 한 뒤 영조는 이석문에게 큰 돌을 들어 위를 누르라고 명했다. 그러자 이석문은 "신은 죽더라도 감히 명을 받들지 못하겠나이다."라고 하였다. 재차 어명을 내렸으나 끝내 받들지 않았다. 다음 날, 영조의 친국 끝에 곤장 50대의 벌을 받고 관직에서 쫓겨났다.

고향으로 돌아온 이석문은 사립문을 뜯어내 북쪽으로 내고는 매일 아침저녁으로 사도세자가 묻힌 북쪽을 향하여 절을 했다. 이석문은 죽는 날까지 거르지 않고 10년 동안 북쪽을 향하여 참배했다고 한다. 이런 이석문을 일러 사람들은 북비공北扉公이라고 했다. 북비고택은 북쪽으로 낸 사립문을 말한다. 충절과 절개의 상징인 북비고택이다.

그 후 사도세자의 일을 후회하고 있던 영조는 그를 훈련원 주부에 제수하며 불렀으나 나아가지 않고 이렇게 말했다. "사람이 뜻을 굳게 가져야 하는데, 뜻이 구차히 굴복 된

다면 무엇이 그 사람에게 귀하겠습니까? 나는 태평한 시대에 살면서 무공도 세우지 못하였고 사헌부를 드나들며 간신을 베어 대의를 밝히기를 청하지도 못하였으니 저의 뜻은 끝내 펼 수 없을 것입니다. 차라리 초야에 묻혀 편안히 쉬면서 유유자적하겠습니다." 훗날, 이석문의 손자 이규진이 성균관의 제과에 뽑히자 정조가 입시를 명하여 "너의 조부가 세운 공이 가상하다."라고 하였으며, 영의정 채제공이 경연에서 "북비가 아직 있는가?"라고 하문하였다는 이야기가 전해지고 있다. 어렸을 적 정조 자신을 업고 들어가 사도세자를 살려 달라고 애원하다 곤장을 맞고 벼슬에서도 쫓겨난 이석문에게 고마움을 표한 것이다. 지금은 사립문이 아니라 어엿한 일각문이 서 있다. 현재 북비고택은 일부 행랑채 등이 소실되어 공간이 다소 허전한 점도 있지만, 사랑채가 가장 아름답다. 사랑방과 대청, 툇마루의 구성이 치밀하고 대청에서 바라보는 마을의 전경은 북비고택이 사랑채를 중심으로 구성되었음을 알려 준다.

북비고택의 사랑채와 안채는 순조 21년, 1821년 사헌부 장령 이규진이 신축하였으며, 사랑채는 그 후 증손이며 조선 말기의 유학자로 공조판서 겸 판의금부사를 지낸 이원조에 의하여 고종 3년, 1866년에 중건되어 오늘에 이르고 있다. 북비고택은 대문채를 통해 집안으로 들어서면 바로 보이는 사랑채, 그리고 사랑채와 마주해 있는 '북비'라고 적힌 문을 통해 들어가면 남쪽으로 향해 앉아 있는 북비고택이 있고, 사랑마당을 통해 행랑채를 거치면 안마당을 통해 안채에 들어선다. 한개마을의 가옥을 살펴보면 대체로 동

왼쪽_ 회화나무가 우뚝 선 입구의 솟을대문 풍경은 더없이 격조 있고 아름답다.
오른쪽_ 잔디만 깔아 놓은 것이 전부인데 현대적인 느낌이 든다.

성주 한개마을 187

선이 대문채, 사랑채 마당, 행랑채, 안채마당, 안채의 순서를 따른다. 마을 가옥 대부분이 18세기 후반 이후에 지어졌다. 북비고택의 안채는 마당에 잔디를 깔아 놓아 깔끔해 보인다. 마당의 한쪽에는 가지런히 돌담을 두른 장독대가 인상적이다. 안채는 남부지방에서 일반적으로 볼 수 있는 평면구성으로 되어 있다.

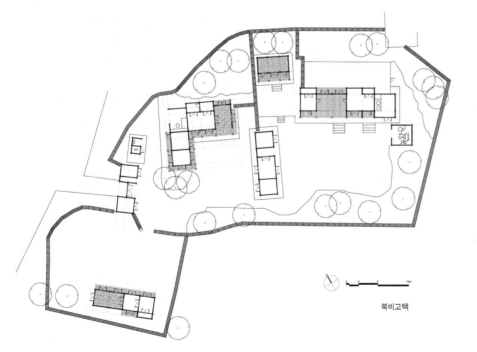

북비고택

위_ 사랑마당에 한 줄로 늘어선 디딤돌이 경계를 나누지 않고 도리어 연결한다.
아래_ 안마당과 안채 사이로 사당이 보인다.

1 이석문이 살던 소박한 정면 4칸 맞배지붕의 본채다.
2 잔디를 깔고 나무도 심었다. 세상이 변하는데 나 혼자 변하지 않으면 나만 변한 것이 된다.
3 북비고택의 상징적인 얼굴인 북비. 북쪽으로 일각문이 나 있다.

1

2

3

4

1 장독대에 담을 두르고 기와까지 얹었다. 장독대도 기품으로 가득하다.
2 담장을 쌓았지만, 사이에 틈을 내어 식구들만 드나들도록 했다.
3 부엌 입구 모습으로 부엌문을 널판문으로 했다.
4 망와와 머거불. 멀리 바라보는 모습이라 망와望瓦라고 한다.

1 대청을 우물마루로 하고 대청과 방 사이는 네 짝의 분합문인
들어걸개문으로 했다.
위에는 충량이 받는 눈썹천장이 보인다.
2 주인의 묵서와 묵화의 경지가 예사롭지 않다.
3 머름 위에 판벽 사이로 우리판문을 달았다.
4 방에서 마루를 바라본 모습.
5 사람이 살아 온기도 느껴지고 윤기가 난다. 문얼굴 사이로
풍경이 들어온다.
6 용자살 영창 사이로 바라본 방안 모습.

15-3. 하회댁 경북 성주군 월항면 대산리 410

한개마을의 중심부에 남서향으로 위치한 조선 후기 양반주택

하회댁은 한개마을의 중심부에 남서향으로 위치한 조선 후기 양반주택으로 소유자의 증조부가 사들여 그 자손들이 사는 관계로 정확한 건립 연대나 내력은 알 수 없다. 대략 1630년대의 건물로 추정된다. 당호는 소유자의 모친이 안동 하회에서 시집온 데서 연유한다. 하회마을과 양동마을은 한개마을과 더불어 3대 전통마을이다. 서로 자신들이 사는 마을에 대한 자긍심이 대단했다. 경북 일대에서는 지금도 서로 뼈대 있는 집안을 내세우고는 한다. 전통을 가진 마을과 집안으로서의 자부심을 품은 마을답게 아직도 가풍뿐만이 아니라 마을의 위계와 전통을 이어가는 마을로 잘 보존되어 있다.

하회댁은 마을 중간쯤에 자리하고 있다. 한개마을 대부분 반가의 가옥배치인 ㅁ자형 배치를 보이고 있으나 하회댁은 ㄷ자형 평면의 정침과 중문간채의 一자형 평면에 의한 배치를 보인다. 이런 형태의 가옥은 남부형 가옥 배치방법과 북부형 ㅁ자형 배치방법의 중간 형태를 취하고 있는데 한개마을에는 흔하지 않은 배치 방법이다. 사랑채와 정침이 토석담으로 분할되어 남녀 공간 구분이 확실하며, 그 사이에 협문을 내어 연결하고 있다. 내외담을 두는 것은 일반적인 형식이었으며 안채는 보호공간이면서 동시에 폐쇄공간이기도 했다. 한개마을은 다른 경북지방의 마을보다도 여성에 대한 법도를 강조했다고 한다. 한개마을로 시집온 여자들은 고생하고, 한개마을에서 살던 여자들이 다른 곳에 시집가면 대우받는다는 말이 있을 정도라고 한다. 하회댁은 집의 규모는 작지 않은데도 아담한 분위기가 감돈다. 우선 정원을 잘 가꾸고 마당에 잔디를 심어 다른 집과는 다른 특색을 가졌다. 마당에 놓인 징검다리 형태의 디딤돌이 가지런하면서도 휘어져 들어간 모습이 일품이다. 집의 아늑함도 한몫을 하지만, 주인의 친절이 더 큰 몫을 하고 있기 때문이다.

하회댁의 특색 중의 하나는 고방이다. 지붕을 높게 하고 돌로 두껍게 쌓아 넓게 만들어 놓은 고방은 과거 이 집의 살림살이를 짐작하게 한다. 벽체가 두껍다 보니 밖이 아무리 더워도 안은 서늘한데, 음식물을 보관하기에는 이보다 더 좋은 장소가 없을 성싶다. 고방 안에는 커다란 나락을 저장해두던 뒤주가 옛 모습 그대로 남아 있다. 안채 뒤에는 장독대도 정갈하게 보존돼 있다. 장독대가 가진 푸근함은 우리 한옥이 가진 으뜸가는 풍경 중의 하나다. 집을 돌아가면 햇볕 드는 곳에 자리 잡은 장독대의 굵은 허리가 오히려 마음을 넉넉하게 해 준다. 크고 작은 장독대의 정주성이 보여 주는 힘이다. 중문간채 좌측으로 광이 독립적 모습을 취하고 있으며, 부엌과 연결되는 뒷마당의 가사 노동 공간 특히, 토담으로 둘러쳐진 장독대의 단정함이 돋보인다.

하회댁의 출입은 사랑채 전면 우측의 대문을 통하여 사랑과 정침을 출입할 수 있도록 동선을 처리하고 있으나, 원래의 배치는 아니라고 한다. 한개마을의 다른 가옥처럼 남부지역 반가의 특성을 잘 유지하고 있으며 비록 부분적인 개조가 있으나 원형을 크게 손상한 것은 아니다. 하회댁은 전통가옥이면서도 정원에 심어진 화초와 나무가 주는 느낌이 신선하다. 마당의 잔디 또한 사람을 편안하게 맞는 기분이 들게 한다. 농사를 짓던 시절의 마당은 노동공간이었지만 지금은 여유 공간이 되었다. 하회댁은 요즘 새로 지은 한옥에 들어가는 기분이 들게 한다. 전통을 간직하고 있으면서도 깔끔하고 정리된 모습이다.

왼쪽_ 사랑마당에서 바라다본 중문. 그 안에 여성공간인 안채가 있다.
오른쪽_ 대문에서 안을 바라다본 모습. 마당의 디딤돌을 따라가면 만나는 풍경이 차분한 한옥이다.

1

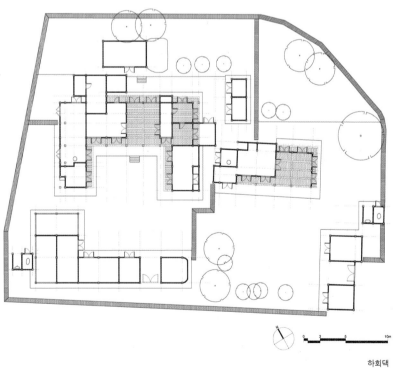

2

3

하회댁

1 마당에 잔디를 깔았다. 전통한옥에서는 찾아볼 수 없는데
농사를 짓지 않는 요즘의 세태에 맞춰 깐 듯하다.
2 안채의 모습으로 작은 나무들을 주위에 심어 안정감을 준다.
3 방에서 바라본 불발기창과 여닫이 세살 쌍창이다.

1 보료 뒤에 병풍을 둘러 고풍을 들인 사랑채의 방이다.
2 방바닥에는 보료 위에 안석과 사방침이 놓여 있다. 천장은 종이반자로 했다.
3 퇴칸에 한지가 가진 멋스러움이 한껏 발휘된 광경이다. 빛을 투과하는 속성과 한지의 흰빛이 나무와 만나 한껏 고조되어 있다.

1

2

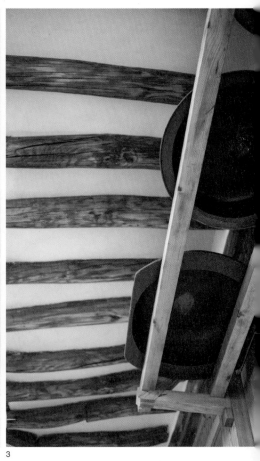

3

4

5

1 주인의 음식 솜씨가 뛰어나다는
증거들이 모여 있다. 항아리 하나하나에
장이 익어간다.
2 부엌살림. 상부에 걸어놓은 멍석이
잔칫날을 기다리고 있다.
3 선반과 서까래가 직각으로 만나
피아노 건반처럼 보인다.
4 여러 곳에 선반을 만들어 놓아
이용하고 있다.
5 무쇠솥과 아궁이가 예전의
번성했던 집안임을 대변해 주는 듯하다.
부엌 벽면에도 문양을 넣은 것으로
보아 어느 한 구석도 신경을 쓰지 않은 곳이
없을 듯하다.

1 부엌에 채광과 환기를 위해 세로살 붙박이창을
설치했다. 집안 어느 곳을 보더라도 다듬어지고 손길이 가지 않은
곳이 없다.
2 소반을 정리해서 얹어 놓은 모습이다.
얼마나 많은 손님이 오갔는가를 짐작하게 하는 모습이다.
3 무고주 오량가로 사다리형 동자대공을 대고
윗부분은 사갈을 터서 단혀와 동자익공으로 중도리를 받고
옆에는 눈썹천장을 붙였다.
4 눈썹천장의 모서리 마감부분의 문양이 독특하다.
행성의 자전 모습 같기도 하고 회오리 부분을 형상화한 것
같기도 하다.
5 키 높이대로 정돈해 놓은 장독대.

15-4. 교리택

校理宅 | 경북 성주군 월항면 대산리 411

입구에 회화나무가 우뚝 서 있는 집

대문을 정면에 내지 않고 고샅을 지나 담장 뒤로 평대문을 낸 것이 전위적인 작품 같은 느낌마저 든다. 한국미의 핵심은 어떤 면에서는 일방성에 있다는 생각을 하고는 한다. 흔히 한국미를 정형 속에 비정형이라고 하는데, 이러한 모습이 그런 예의 대표적인 사례. 비정형이 도리어 미학을 끌어내는 힘이 있다. 한국미의 특징적인 면이다. 짧은 골목길을 올라가면 왼쪽에 회화나무 두 그루가 서 있다. 우람하고 늠름하여 시선을 먼저 끈다.

회화나무는 우리 조상이 최고의 길상목吉祥木으로 손꼽아온 나무다. 회화나무가 길상목으로 꼽히게 된 것은 중국의 주나라 때부터다. 주나라 때에 '삼괴구극三槐九棘'이라 하여 조정에 회화나무 세 그루를 심었으며, 우리나라로 치면 3정승에 해당하는 삼공三公이 회화나무를 마주 보며 앉게 하였고, 또 좌우에 각각 아홉 그루의 가시나무를 심어 조정의 대신이 앉게 하는 제도가 있었다. 우리 조상도 집안에 회화나무를 심으면 가문이 번창하고 출세한다 하여 선비가 이름을 얻고 나서 물러날 때에도 회화나무를 심었다. 회화나무에는 귀신이 접근하지 못하고 좋은 기운이 모여든다 하여 이 나무를 매우 귀하고 신성하게 여겨 함부로 아무 곳에나 심지 못하게 하였다. 선비의 집이나 서원, 궁궐에만 심을 수 있었다. 특별히 공이 많은 학자나 관리에게 임금이 상으로 내리기도 했다. 회화나무는 모든 나무 가운데 으뜸으로 치는 신목神木으로 여겼다. 우리나라에서는 은행나무 다음으로 몸집이 크고 수형이 웅장하고 품위가 있어 정자나무로도 인기가 있다. 회화나무를 중국에서는 학자수樹, 출세수樹, 행복수樹라고 불렀는데 이 나무를 심으면 집안에서 학자가 나고 큰 인물이 나오며 집안이 행복해진다고 해서 붙여진 이름이다. 대문 앞 회화나무 두 그루가 운치를 더해 주는 교리택은 중후하면서도 단아하다.

교리택은 이석구가 세웠다. 교리택이라 한 것은 그가 홍문관 교리를 역임했기 때문이다. 이석구는 1751년 문과에 급제했으며 뒤에 사간원 사간, 사헌부 집의를 역임했다. 홍문관은 유학의 진흥 및 인재의 양성을 담당하는 중요한 기구로 법제적인 기능은 궁중의 경서·서적의 관리, 문서의 처리 및 왕의 자문에 응하는 일을 맡아보았다. 감찰 및 언론 기능도 행사했다.

교리택은 대문채, 사랑채, 서재, 중문채, 안채, 사당 등 건물이 독립하여 배치되어 있다. 서향의 대문채를 들어가면 곧바로 사랑마당이 있고, 사랑의 좌측에는 서재, 뒤에는 사당이 자리하고 있다. 대문채를 들어서면 보이는 건물이 사랑채다. 정면 5칸, 측면 2칸 집으로 왼쪽 대청 2칸은 문을 달아서 자유롭게 열고 닫을 수 있게 하였다. 동쪽에 반 칸 아궁이가 설치되어 있으며 뒷간, 다락 등이 있어 구성이 특이하다. 중문간채는 중문과 사랑채 사이 공간에 담을 쌓아 내외담을 만들었다. 사랑채 앞에는 말을 타고 내리는 상하마석上下馬石이 있고, 안채는 중문을 사이에 두고 사랑채와 떨어져 있다. 300여 년 된 탱자나무가 있다. 이원조가 제주목사 직에서 물러나면서 가져온 세 그루의 귤나무 중 하나다. 강남의 귤이

왼쪽_ 대문이 전위적인 작품 같다. 회화나무 그늘이 있는 옆으로 평대문이 자리 잡고 있는데 남다른 풍취를 더해 준다.
오른쪽_ 우람하게 들어찬 초록 사이로 지붕이 더욱 아름답게 돋보인다.

위수를 넘기면 탱자가 된다고 했던가. 300여 년의 세월이 흐르는 동안 귤나무는 가시가 돋친 탱자가 되었다. 기후와 풍토가 맞지 않아 탱자가 된 귤나무라고 한다.

교리택에서 멋진 공간은 뜻밖에도 사당이다. 대부분 사당은 건물의 후면에 자리 잡아 어둡게 느껴진다. 신당이란 생각에 조심스럽기도 하다. 하지만 교리택의 경우는 다르다. 사당 앞이 가장 아름다운 공간이다. 여름엔 배롱나무와 나리꽃이 예쁘게 피어 있어 곱고, 올라가는 계단도 정감이 가도록 잘 다듬어져 있다. 가을에는 보라색 구절초가 곱다.

대문에 붙은 입춘방立春榜으로 교리택 대문에는 '신다神茶'라고 쓴 글씨가 붙어 있는 것을 볼 수 있다. '신다神茶'는 '신다울루神茶鬱壘'와 관련된 말이다. '신다'와 '울루' 형제는 먼 상고시대 사람인데, 힘이 세고 눈빛이 형형하여 악귀를 잘 잡았다고 한다. 후세 사람들이 이 두 형제가 능히 요사스러운 잡귀를 물리칠 영적인 효험이 있다고 믿어 문신門神으로 숭배하게 된 것이다. 『동국세시기』에도 기록이 나온다. 벽사僻邪를 위해 입춘이면 '입춘대길立春大吉', 단옷날에는 '신다울루神茶鬱壘'를 써서 벽이나 문설주, 기둥 등에 붙였다는 기록이 있다. 『한국민속대전』에는 조선시대 관청인 관상감에서 입춘과 단오에 붉은 글씨로 귀신을 쫓는 글 '신다울루'를 써서 궁중의 문설주에 붙여 두었다는 기록도 있다.

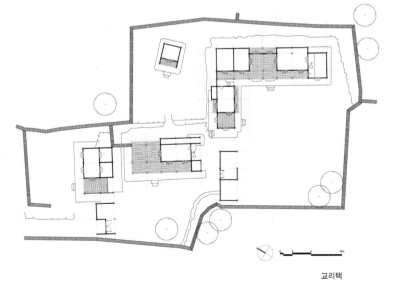

교리택

위_ 문지방을 휘어진 대로 설치하여 한결 운치 있어 보인다.
문얼굴로 보이는 풍경이 한 장의 그림과 같다.
아래_ 교리택은 집을 지은 이석구가 홍문관 교리를 역임해서 붙여진 이름이다.

1 숫대살창이 같은 모양으로 만나면서 조금은
다른 개성을 가지고 있다. 저마다 편액을 가진 것도
개성의 발현이다.

2 문을 겹쳐 접은 후 상부에 거는 들어걸개문은
안팎이 따로 없고 자연과 사람이 하나의 풍경에 동화된다.

3 기둥과 기둥 사이에 들어걸개문 밑으로
풍경이 가득하다. 담장 너머로 보이는 풍경은 더욱
자연 속에 산다는 생각이 들게 한다.

4 어디선가 들어오는 햇살이 얼비친다. 여름에는
마당에 비친 빛이 반사되어 들어오고 겨울에는 처마 밑으로
빛이 들어온다.

5 판자를 이어 만든 판벽에 사각의 구멍이
돋보인다. 공기가 순환하도록 하기 위한 붙박이창으로
밖을 내다볼 수 있는 역할도 한다.

6 안에 푸성귀를 기르는 밭을 일궈 놓았다.
사람 사는 마을에 생기가 돌아 좋고, 먹을거리를
가까운 곳에서 마련해 좋다.

7 하마석. 말을 탄 사람이 내리기 쉽게 만들어 놓은 받침돌.

16. 순천 낙안읍성

전남 순천시 낙안면 동·서·남내리

초가지붕 위에 박이 둥실 앉아 있고, 싸리울타리도 엉성해서 더욱 정이 가는 마을

순천시 낙안면에 소재한 낙안읍성 민속마을은 넓은 평야지에 축조된 성곽 안에 있는 마을이다. 전통마을과 함께 성내에는 관아와 100여 채의 초가가 있다. 돌담과 싸리울의 집들은 옛 모습을 간직한 채 안온하게 옹기종기 마을을 이루고 있다. 옛 고을의 기능과 전통적인 주거공간에서 생활하는 서민의 모습을 통해 오늘날에도 보고 느낄 수 있는 살아 있는 전통문화로서, 낙안읍성은 우리의 소중한 문화유산이다. 현재에도 마을은 활력을 가진 공동체로서의 기능을 다하고 있다. 85세대 229명이 사는 의젓한 전통과 현대가 함께 공존하는 생활공간이기도 하다.

낙안읍성은 우리나라 어디에서도 찾아볼 수 없는 특별한 면을 가진 사적지다. 유적만을 사적지로 정하는 것이 일반적인 예다. 낙안읍성은 성과 마을, 동내리·남내리·서내리가 사적지로 정해졌다. 국내 최초로 성과 마을이 함께 사적지로 지정되면서 주목을 받기 시작했다. 1984년부터 3~4년에 걸쳐 복원작업이 완료되었다. 읍성邑城이란 군·현 주민의 보호와 군사적·행정적·경제적인 기능을 함께하는 성이다. 성곽 대부분이 산이나 해안에 축조되었는데 비해 낙안읍성은 들 가운데 축조된 야성으로, 외탁外托과 내탁內托의 양면이 석축으로 쌓여 있는 협축夾築으로 이루어졌다는 큰 특징이 있다. 협축공법은 성을 쌓을 때 중간에 흙이나 돌을 넣고 안팎에서 돌을 쌓는 공법을 말하며, 내탁이란 성 밖을 높게 하고 안쪽을 낮게 하여 방어에 유리하게 하는 축성공법이다.

낙안읍성의 주축은 서민들의 공간이다. 초가집으로 이루어진 것만으로도 생활상과 신분을 확인할 수 있다. 낮은 신분의 사람들이 몸으로 세상을 이끌어나간 생활의 터전이다. 고난과 역경 그리고 가난을 안고 평생을 살다간 사람들이 사는 곳이다. 초가지붕 위에 박이 둥실 달이 떠오른 듯 앉아 있고, 울타리도 싸리로 엉성하게 엮어 놓았지만, 더욱 정이 가고 머무르고 싶어진다. 편안함은 권위와 기품에서 나오는 것이 아니라 자연적인 삶의 방식에서 나온다. 자연에 기대어 몸으로 진솔하게 살아가는 사람들의 마을이다.

낙안읍성의 역사는 깊다. 낙안읍성은 낙안 평야지에 있는

읍성으로 연대를 살펴보면 조선 태조 6년, 1397년 왜구가 침입하자 이 고장 출신 김빈길 장군이 의병을 일으켜 토성을 쌓고 왜구를 토벌했다. 인조 4년, 1626년에는 낙안 군수로 부임한 임경업 군수가 석성으로 개축하였다고 전해 오고 있으나, 『조선왕조실록』세종 편에 의하면 전라도 관찰사의 장계 내용에 "낙안읍성이 토성으로 되어 있어 왜적의 침입을 받게 되면 읍민을 구제하고 군을 지키기 어려우니 석성으로 증축하도록 허락하소서."라고 하니 왕이 승낙하여 세종 9년, 1426년에 석성으로 증축하기 시작하였다고 하는 이설이 있다.

성곽의 길이는 1,410m, 높이 4.5m, 넓이 2.3m로서 면적 41,018평으로 성곽을 따라 동서남북 4개의 성문이 있었으나 북문은 호환虎患이 잦아 폐쇄하였다고 전해지고 있다. 동문은 낙풍루樂豊樓, 서문은 낙추문樂秋門, 남문은 쌍청루雙淸樓 또는 진남루鎭南樓라고 한다. 성문 정면으로 ㄷ자형 옹성이 성문을 에워 감싸고 있다. 옹성이란 항아리 옹甕자를 써서 성문을 보호하고 성을 튼튼히 지키기 위하여 큰 성문 밖에 항아리 모양이나 사각형 모양으로 쌓은 작은 성을 말한다. 낙안읍성은 우리나라의 대표적인 조선시대 지방계획도시로서 그 원형이 가장 잘 보존된 곳으로 현재 세계문화유산 잠정목록 등재를 신청하고 낙안읍성의 가치를 세계에 알리기 위해 노력하고 있다.

낙안의 민속놀이는 군악軍樂이라고도 부르는 농악이 있다. 낙안 좌도 군악은 일반 농악과 달리 읍성을 지키는 군대의 악이다. 짧게 군악이라 칭해졌고, 1대 조덕환 상쇠에서 출발하여 현재 5대째 전수되어 온다. 이 악의 특징은 군

왼쪽 위_ 낙안읍성 마을의 초가집. 올망졸망 다정도 하고 다감도 하다.
왼쪽 아래_ 초가지붕이 주는 마음의 위안은 넉넉하고 훈훈하다. 직선의 고집과 곡선의 끌어안음. 초가지붕은 전형적인 끌어안음의 곡선을 가진다. 초가지붕 속살을 진흙으로 입히는 모습도 곱다.
오른쪽_ 서민들 집의 거리는 가깝다. 좁은 면적을 차지하고 일한 만큼만 바라는 소박한 사람들의 마을이다.

대의 출정에 앞서 총 12마당의 굿을 통해 승리를 기원하고 액막이를 기원하는 의미에서 행해졌던 하나의 민속놀이이다. 현재는 평사마을에서 그 전통의 맥을 이어가고 있다.

호남농악은 경기·강원농악보다 동장이 유연하고 화려한 복장과 가락의 채를 바꾸는 솜씨가 뛰어나다. 호남농악은 좌도 농악과 우도 농악으로 나눈다. 좌도 농악은 섬진강 유역의 지리산 자락인 진안, 임실, 남원 등지의 농악으로 복색이 간편하며 전립과 구슬상모를 쓴다. 동작은 기민하고 활기차다. 우도 농악은 영산강과 금강유역의 평야지대 농악이다. 익산, 부안, 정읍, 길제, 고창 등지의 농악으로 복색이 화려하고 꽃이 달린 상모에 꽃 달린 고깔을 쓴다. 가락이 섬세하면서도 느리고 유연하며 다양하다. 단체 연기보다 개인 연기에 중점을 둔다. 판굿이 발달했다. 농악대의 편성도 좌도 농악은 동작 위주의 전립대를 쓰고, 우도는 가락 위주의 고깔대를 쓴다.

농악대가 구성되면 정초부터 각 가정을 돌며 지신밟기를 하는데 이는 땅을 쿵쿵 울려 지신을 달래고 모든 액을 몰아내어 한해의 풍년과 복을 불러오려는 뜻이 담겨 있다.

우리의 대군은 적군을 향하여 돌격하라. 쉬대 삼승하라, 징수 삼장하고, 복수 삼장하고, 포수 삼포하라.

농악이지만 군악의 요소가 강하기 때문에 내용 또한 병사들의 전쟁내용으로 만들어져 있다.

1 호박 덩굴이 집을 덮어도 놓아두는 넉넉함이 소박한 사람들이 살아가는 마음이다.
2 초가지붕은 사람을 편안하게 해주고 넉넉하게 해 준다. 초가지붕을 잇기 전 흙을 올린 모습도 보인다.
3 초가는 순응의 모습을 지녔다. 잡초처럼 거칠고 힘차게 살아온 사람들이라 자연을 받아들이는 넉넉함이 있다.

김소아 가옥_ 서내리 6번지

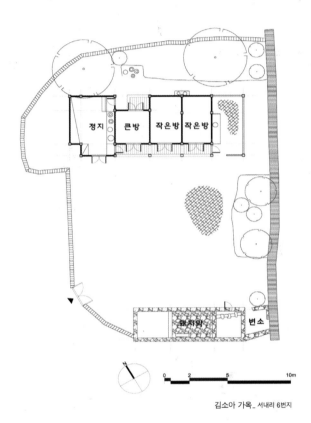

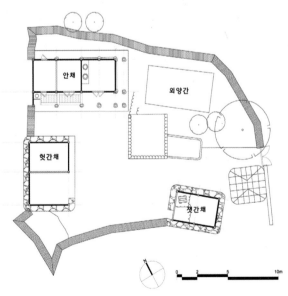

양규철 가옥_ 동내리 79번지

1 돌담은 함께 쓰고 집은 따로 지어 사는 마음들을 본다.
2 산의 곡선보다도 더 둥근 초가지붕. 싸리울이 초가와 어울린다.
3 김소아 가옥은 낙안읍성의 서문을 나서서 오른쪽으로 도는 골목 안에 있다.
성벽을 마당 끝에 둔 집으로 왼쪽부터 부엌, 안방, 안마루, 윗방 그리고 헛간으로 구성된 一자형의 집이다.
4 양규철 가옥은 작은 초가집으로 안채는 서남향으로 배치하고 안채의 서쪽으로 헛간을 두었다.
안채는 온돌방 2개와 큰 부엌으로 되어 있고 생활하고 있는 소박한 집이다.

1

2

3

4

1 읍성이라는 이름답게 민가와 성이 공존한다.
2 안개가 낀 마을풍경. 연못과 초가가 어우러진 풍경은 길과 어울려 한 폭의 그림이다.
3 장승. 돌이나 나무에 사람의 얼굴모양을 새겨 길가에 세운 푯말로 이정표 또는 마을의 수호신 역할을 한다.
4 널빤지를 이어 붙인 널굴뚝이다. 벽체는 진흙과 막돌로 쌓고 지붕은 볏짚으로 이었다.

1 부뚜막에 앉은 무쇠솥과 굴뚝. 아궁이에는 불 땐 흔적이 그대로 남아 있다.
초가지붕 위 박 넝쿨, 그리고 고추 말리는 풍경이다. 서민의 삶을 대변한다.
2 우물과 빨래터의 멋진 구성이다. 사각과 원형을 잇는 물길이 하나로 구성되어 일품이다.
3 대나무로 만든 사립문이 여름에는 더없이 멋진 문이다.
4 노거수. 낙안읍성에는 수백 년을 묵은 나무들이 여럿 있다.
5 초가지붕 작업 모습.
6 볏짚을 얹고 나서 바람에 날아가지 않도록 새끼를 연죽에 묶었다. 초가집의 지붕이나 담을
이기 위하여 짚이나 새 따위로 엮은 물건을 이엉이라고 하고 새끼줄은 고사새끼라고 한다.
7 초가지붕의 용마름.

16-1. 곽형두 가옥 전남 순천시 낙안면 남내리 98

낙안읍성 초가중 가장 단아하면서 사용된 부재가 견실한 집

낙안樂安은 하늘 아래 즐겁고 편안한 마을이란 뜻이다. 사람 사는 마을에서 즐겁고 편안한 것처럼 많은 사람이 바라는 것이 있을까 싶다. 대부분의 성안에 민가가 없는 것에 반해 낙안성 안에는 지금도 주민이 살고 있다. 순수한 조선 고을의 형태를 띠고 있어 과거로 돌아가는 여행지로 좋은 곳이다. 특히 서민들의 생활방식과 마을구성을 보고 싶다면 낙안읍성은 안성맞춤인 곳이다. 마을을 감싸 안은 산책로가 있으며 집과 집의 경계는 돌담과 대숲으로 이루어져 있다. 남도의 마을임을 보게 된다. 마을을 이루는 가구는 모두 100여 가구로 동내리, 서내리, 남내리 등 3개의 행정 구역으로 나누어져 성 안에 78채, 성 밖에 30채가 선조의 생활양식과 전통을 간직해 나가고 있다. 특히 성 안 9채의 가옥은 생활의 때가 묻어 있는, 살아 있는 민속자료이다.

낙안읍성은 초가집이 대부분이다. 초가는 볏짚·밀짚·갈대 등으로 지붕을 이은 집이다. 단열이 잘되기 때문에 여름에는 시원하고 겨울에는 따뜻하다. 하지만, 썩기 쉬워 한두 해마다 바꿔주어야 하는 불편이 따른다. 초가는 선사시대 집이 생겼을 때부터 짓기 시작해서 20세기 중반까지 한국의 대표적인 서민 주택이었다. 단열과 보온성은 우수하나 화재의 위험이 많다. 특히 볏짚으로 인 것은 매년 1번씩 다시 이어 주어야 하므로 번거로운 문제가 있다. 초가에 달린 겨울날의 고드름이 주는 정감은 따뜻하다. 볏짚이나 갈대에 스며들었던 빗물이 천천히 흘러내려 와 고드름이 길게 잘 달린다. 겨울 정취로 흔하던 풍경이다. 지금은 구경하기 어려운 초가지만 우리나라 한옥지붕 형식으로 기와지붕과 초가지붕은 일반적인 형식이었다.

곽형두 가옥은 19세기 말의 가옥이다. 낙안읍성의 초가 중에서 가장 단아하다는 평을 받고 있다. 사용된 부재도 견실하다. 평면은 一자형이며 4칸 반 전후좌우 퇴집이다. 왼쪽에 부엌이 있으며 1칸 반이다. 전후퇴까지 합한 면적이므로 넓은 공간을 차지하였다. 부엌에 이어 안방 1칸, 다음이 고방이고 다음이 건넌방 1칸이다. 방과 고방의 전퇴는 마루를 깔았는데 뒤편의 툇간은 봉당인 채로 두어서 수장

공간으로 활용할 수 있게 하였다. 툇간을 수장 공간으로 사용한 것은 농산물의 수입이 상당한 수준이었음을 의미하는데, 마을 사람들이 말한 바로는 향리가 살던 집이었기 때문이라고 한다.

봉당은 토방土房이라고도 한다. 토담집에서는 토상土床의 툇간退間을 봉당이라 부르기도 한다. 온돌이나 마루 시설이 없이 맨흙 바닥으로 된 내부공간을 말하며 대청 앞이나 방 앞 긴 부분을 봉당이라고 한다. 살림집에서 봉당은 쓰임새를 다양하게 갖추기 위해 필요해서 만들어졌는데, 이곳에 곡식이나 실내에 보관할 물건들을 저장했다. 기초는 서민의 집에서 흔히 쓰는 자연석인 덤벙주초를 놓고 사각기둥을 세웠다. 평주와 고주를 세워 퇴와 몸체를 구성하였는데, 퇴의 기둥은 벽체 없이 홀로 선 기둥이고 몸체의 고주는 벽체를 설치하고 수장을 하였다. 방은 흙벽이나 고방은 판벽을 설치하였다.

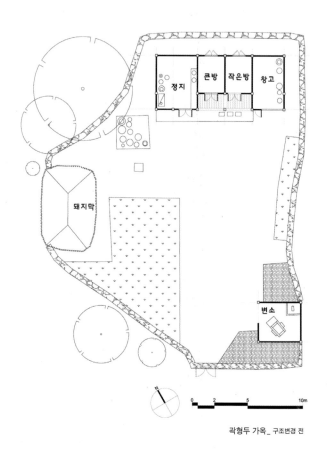

곽형두 가옥_ 구조변경 전

위_ 낙안樂安은 하늘 아래 즐겁고 편안한 마을이란 뜻이다. 사립문 옆 꽃을 심는 여유가 보인다.
아래_ 탑을 쌓는 마음은 기도하는 마음과 같을 것이다.

1 작은 집에 세간이 넘친다. 어수선하지만 사람 사는 모습이 그대로 드러난다.
2 눈썹처마를 내어 공간을 넓혔다.
집 뒤편은 농기구와 당장 쓸 것이 아닌 것들을 두는 장소이기도 하다.
3 집을 새로 지었다. 조그만 공간 하나 더 얻었지만 소박하다.
4 쌍창과 미닫이 영창으로 이중문을 설치했다.

16-2. 최창우 가옥 전남 순천시 낙안면 동내리 283

옛 모습을 지닌 점포로 낙안읍성에서 보기 드문 ㄱ자형의 집

돌담에 호박이 앉아 있는 집, 최창우 가옥은 초가로 아담하다. 초가를 보면 김이 무럭무럭 나는 찐빵이 떠오르곤 한다. 굴뚝에 연기가 피어올라 낮게 깔리면 나무 타는 냄새가 고향을 떠올리게 한다. 돌담뿐만이 아니라 초가지붕에 박꽃이 하얗게 피고, 박이 뽀얀 살을 햇살에 드러내면 살아 있음이 문득 반가워지기도 한다. 낙안읍성의 동문은 향교로 가는 대로에 접해있어 통행이 빈번하다. 길가에 크고 작은 점포들이 늘어서 있다. 최창우 가옥은 그런 점포 중의 하나로 다른 집들에 비하여 옛 모습을 그대로 지니고 있다. 현재는 매표소로 이용되고 있다.

낙안읍성에는 보기 드물게 평면이 ㄱ자형인 집이다. 큰길에 면한 1칸이 점포 자리이고 이어서 방 1칸이 있는데 이 방에 드나들기 위한 쪽마루를 설치하였다. 점포에서 본채로 이어지는 자리에 한 변이 여섯 자, 나머지 한 변이 일곱 자인 작은 구석방이 1칸 있다. 이렇게 작은방을 만든 이유는 대로에 면한 헛문과 넓은 공간에 들어가기 위한 개구부를 설치하기 위한 것이었다. 집은 ㄱ자로 꺾이는데 헛문 다음이 안방이다. 안방의 앞쪽에는 앞 툇간을 만들어 편리하도록 꾸몄다. 툇간은 한옥이 우리나라 기후에 적응하기 위해 받아들인 과학적인 방법의 하나다. 우리나라의 여름은 덥다. 지붕을 길게 내어 그늘공간을 만들어 시원하게 해주는 효과를 낸다. 툇간은 여유 공간으로 완충 지역이다. 안에서 밖으로 나갈 때나 외부를 바라볼 때 여유 공간이면서 마음을 가다듬는 공간이다.

부엌의 부뚜막은 방 쪽 벽에 있어서 여기에서 땐 불이 방고래를 한 바퀴 돌아 다시 부뚜막 쪽으로 나오면서 굴뚝으로 빠지게 된다. 부뚜막에 굴뚝이 설치되는 남방형이다. 온돌은 방바닥을 이루는 구들, 불을 때는 아궁이, 그 불길이 지나가는 통로인 고래, 그리고 이 연기가 빠져나가는 굴뚝 등으로 구성된다. 이들을 설치할 때는 취사용이나 기타 용도에 쓰인 불의 열을 방으로 돌려 난방하는 방식을 쓰고 있다. 아궁이는 부엌에 놓이게 되며 부엌 옆에 가장 큰 방이 만들어지는 것이 일반적이다. 불을 자주 사용하는 곳 옆에 가장 큰 방을

드린 것은 난방하기 위해서다. 물론 독립적으로 난방하기 위해 함실아궁이를 만들기도 한다. 즉, 별실이 존재하거나 구조적으로 하나의 아궁이로 난방하기가 무리인 경우이다. 이렇게 아궁이가 만들어지는데 아궁이는 불을 때는 장소인 만큼 방바닥보다 낮은 곳에 있어야 한다. 그래서 모든 한옥의 부엌이 낮아진 것이다. 이들 온돌을 포함한 집은 북부지역을 중심으로 하는 저상식 건축이라 할 수 있다. 저상식이란 것은 낮게 짓는다는 의미로 상대개념인 고상식을 염두에 둔 용어이다. 고상식이란 것은 마루 집을 의미하는데 남방의 건축계통이다. 한옥은 다른 나라에서는 유례가 드문 남방식과 북방식을 같이 채용하고 있다. 남방식의 마루와 북방식의 온돌이 만나는 곳에 한옥이 있다.

부엌의 앞쪽에는 장독대를 놓았고 두텁게 쌓은 낮은 맞벽으로 감싸 안았다. 간장, 된장, 고추장, 갖은 장아찌 등이 나열해 있는 곳이 장독대다. 한국인에게는 가장 음식의 원천적인 고향이기도 하고 먹을거리를 해결하는 출발점인 곳이다. 장독대를 보면 마음이 편안해진다. 너그러워진다. 장독의 허리가 두꺼울수록 넉넉해진다. 장독대는 한국인에게는 꼭 있어야 하는 민족의 창고다.

성 안팎에는 낙풍루를 비롯해 낙민루, 향교, 동헌, 육방관청, 옥사 등이 그대로 복원되어 있다. 녹두빈대떡, 도토리묵, 더덕 등으로 별미 음식을 제공하고 향토 특산물을 팔던 옛 장터, 난전까지 재현하여 민속 고을의 참모습을 보여준다. 난전은 수백 년을 이어온 우리 전통시장의 모습이다. 난전이란 시장을 어지럽힌다는 뜻이다. 유래 또한 그렇다. 조선 후기 상업발전과 더불어 성장한 개인 상인들이 상행위하여 봉건적 상업구조를 어지럽힌다 하여 붙여진 이름이다. 조선은 초기부터 육의전과 시전상인에게 그 보상으로 상품을 독점 판매할 수 있는 특권을 부여하고, 이 규정을 어기고 마음대로 상행위를 하면 난전이라 하여 금지했다. 그러나 17세기 이후 도시의 인구가 늘어나고 상업이 발전하면서 막을 수 없을 정도로 커지고 영향력도 커졌다. 개인 상인들에 의한 조선 후기 상품화

폐경제의 발전을 막을 수 없었다. 이처럼 난전의 발전은 조선 후기에 성장한 비 특권적인 수공업자와 상인에 의해 봉건적인 상업 구조가 허물어지던 도시상업 발전의 반영이었다.

돌담에도 볏짚을 덮었다. 지붕선이 키 큰 순서대로 늘어서 있는 듯하다.

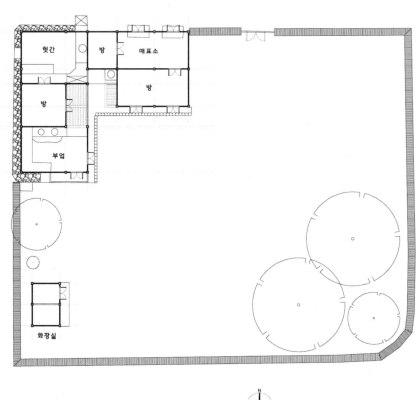

최창우 가옥

1 매표소로 사용하는 최창우 가옥은
다른 집과 달리 잘 정돈되어 있다.
2 낙안읍성에는 ㄱ자형 평면이 드문데
이 집은 ㄱ자형의 평면이다.
3 툇마루로 이어지는 여닫이 독창을 달고
위쪽은 부분적으로 막아 수장고로 사용하고 있다.
4 벽과 천장을 같은 벽지로 처리하여
내부가 넓어 보이고 깔끔하다.
5 집의 규모가 작은 만큼 창문도 작다.
여닫이 만살 쌍창을 달았다.

전통 한옥마을

17. 아산 외암마을

충남 아산시 송악면 외암리

외암마을은 물과 돌의 마을이다. 물은 생명이고 돌은 정착을 상징한다

중요민속자료 제236호로 지정된 아산시 외암리 민속마을은 약 500년 전부터 촌락이 형성되어 충청도 고유격식인 반가의 고택과 초가 돌담이 총 5.3km에 달한다. 예안 이씨의 집성촌이다. 시작은 평택 진씨 참봉 진한평의 사위인 이사종이다. 당시 진한평에게는 아들이 없고 딸만 셋 있었는데, 예안 이씨 이사종이 진한평의 장녀와 혼인하면서 마을에 들어와 살게 되었다. 외암 이간 선생이 쓴 『외암기』에 "예안 이씨가 온양에 들어와 살게 된 지 이미 5세가 되었다."라고 하였는데, 조선 명종 때 장사랑을 지낸 이연은 6대조이고, 이사종은 5대조가 된다. 그렇다면 이사종 때부터 이곳에 살았던 것이 분명하다.

외암마을의 기와와 초가의 만남은 양반과 상민의 만남이 공존하고 있음을 보여 준다. 사대부의 집은 기와지붕이고 일반 상민이나 노비의 집은 초가다. 그들의 갈등과 협력이 시대상이었지만 풍경으로 만나는 조화로움은 또 하나의 풍경을 만들어 내고 있다. 외암마을은 정원이 보존되어 있으며 다량의 민속품과 민속자료를 보유하고 있다. 또한, 가옥 주인의 관직명이나 출신지명을 따서 참판댁, 병사댁, 감찰댁, 참봉댁, 종손댁, 송화댁, 영암댁, 신창댁 등의 택호가 정해져 있으며, 마을 뒷산 설화산 계곡에서 흘러내리는 시냇물을 끌어들여 연못의 정원수나 방화수로 이용하고 있다.

외암마을은 물과 돌의 마을이다. 물을 돌담에 만들어 놓은 물문으로 집으로 끌어들여 지형에 의한 낙차를 이용하여 흘러가도록 했다. 외암마을에서 물은 생명이고 돌은 정착을 상징하는 듯하다. 집에 두른 돌담은 그 무게만큼이나 삶을 진중하게 정주하게 한다. 물과 돌의 만남은 흐름과 정착, 이동과 정주라는 엇갈리는 이중주 같지만, 상생의 화합처럼 보인다. 이끼 낀 긴 돌담을 돌면 이 마을의 역사를 짐작할 수 있다. 돌담만으로 이루어진 마을이다. 흙이나 회를 섞지 않고 순수하게 돌만으로 쌓은 돌담이 주는 정감이 남다르다. 돌담이 두터우나 높이는 어깨선을 넘는 것이 드물어 안과 밖이 오순도순 정담이라도 나누는 듯하다. 돌담 너머의 생활이 다 들여다보인다. 가족 같은 마을의 인심이라

담으로서의 역할인 배타의 이기심은 한층 더 약화하였다. 돌담 너머로 집집이 뜰 안에 심어 놓은 감나무, 살구나무, 밤나무, 은행나무 등이 다채롭다.

전체 가구 수가 60여 호인 외암마을에는 마을 입구의 장승을 비롯하여 조선시대의 생활상을 엿볼 수 있는 디딜방아, 연자방아, 초가지붕 등이 보존되어 있다. 주민들이 사는 집들은 대부분 초가집이고 그 외 기와집은 10여 채가 되는데 대개 100년에서 200년씩 되는 집들이다. 그 때문에 1988년 정부에서 전통 건조물 보존지구로 전국에서 두 번째로 지정되었다가 2000년 1월 국가지정문화재 중요민속자료 제236호로 지정 보존 중이다. 외암리 민속마을 내 고택은 사유지로 본래 출입이 불가하지만, 집주인의 양해를 얻어 관람할 수도 있다.

충청도 양반마을을 대표할 만한 마을이 설화산의 서쪽에 있는 외암리 민속마을이다. 본래 이웃역말 시흥역이 있어서 말을 먹이던 곳이라 하여 오양골이라 했다는 이야기가 전해진다. 농가의 창고나 헛간 등지에 설치하는 말과 소를 사육하는 장소이다. 충청도 지방에서는 오양간이라고 하기도 하고 외양간이라고도 한다. 외암마을은 여기에서 시작되었다.

동구에 바람막이 기능도 겸하는 마을 숲은 큰비가 내리면 강당골과 설라리에서 흘러내려 온 두 개울물이 합하여 넘실댄다. 지금은 자동차가 지나다닐 수 있는 시멘트로 된 다리가 번듯하게 놓여 있지만, 오래전의 다리를 재현해 놓았다. 돌다리, 징검다리, 섶다리가 개울을 가로질러 놓여

왼쪽 위_ 외암마을은 다른 전통마을에 비해 생기가 돈다. 솔숲, 연자방아와 디딜방아가 있고, 마을 입구에 물레방아도 있다. 사람 사는 마을다운 모습이 보인다.
왼쪽 아래_ 여름날 한적하고 여유로워 보이는 마을길이다. 붓꽃이 만발하여 한적한 공백을 메우고 있다. 경계를 표시하는 담장이 아름다운 마을이다.
오른쪽_ 나무 그늘이 있는 곳에 그네가 있다. 소나무와 느티나무가 만들어 준 그늘이 그리운 여름이다.

아산 외암마을 215

있다. 섶이란 작은 나뭇가지를 지칭하는 말이다. 곧, 섶다리는 나무로 만든 다리다. 섶다리는 매년 하천에 물기가 거의 없는 10월 이후에 만들어져 그다음 해에 여름 장마철에 불어난 물에 떠내려가는 것이 일반화되어 있다. 매년 우리네 선조가 동네 사람들과 함께 만들어야만 하는 일종의 공동체 작업이다. 마을의 연대의식과 공동체를 확인하는 연중행사이기도 하다. 섶다리는 마을의 결속력을 강화하는 기능도 수행했다.

외암마을은 연엽주의 고향이기도 하다. 고종이 즐기던 민속주로도 알려졌다. 무형문화재 제11호로 지정된 연엽주는 외암마을의 대표적인 민속주로 이 마을 예안 이씨 참판댁에서 5대째 술을 빚고 있다. 현재는 이득선 씨 집에서 5대째 기법을 전수받아 빚어 오고 있다. 당시에는 제사가 끝나고 음복을 할 때 참례한 사람들이 차례를 모시는 정성으로 연엽주를 마셨다고 한다. 대대로 예안 이씨 집안의 제삿술로 전해 내려오는 연엽주는 연근, 찹쌀, 솔잎, 감초, 누룩 등을 사용해서 만드는데 그윽한 향기와 새콤한 맛이 일품이어서 명절 무렵에는 물량이 달릴 정도로 인기가 높다. 쉽게 취하지도 않을뿐더러 뒤끝이 깨끗해서 몸에도 좋은 연엽주는 특히 뇌를 맑게 해주며 혈관을 넓혀주는 효험이 있다. 외암리 민속마을은 한국의 토착적인 면을 간직한 보물단지다.

위_ 좌·우 각각 3칸의 행랑채가 있는 솟을대문이다.
아래_ 너와지붕을 이었다. 굴뚝에 피어올라 사라지는 연기의 소멸과 장미가 피어오르는 탄생의 극명한 대칭이 아름답다.

위_ 사벽을 한 초가 평대문으로 용호라는 마름모꼴의 입춘방이 보인다.
아래_ 참판댁. 참판을 지낸 이정렬이 고종으로부터 하사받은 ㅁ자형의 집으로 안채, 사랑채, 대문채로 구성되어 있다.

1 저마다 다른 크기와 다른 모양의 돌들이 담을 이루고 있다. 냇가를 끼고 앉은 초가지붕이 부드럽다.
2 외암마을은 양반과 서민들이 함께 살던 마을이다. 돌담이 두텁고 다른 재료를 쓰지 않고 돌만으로 쌓았다.
3 낮은 돌담 사이로 나 있는 길이 서로 만나는 곳이 삼거리다. 좁고 넓고를 구분하지 않은 만남이 정답다.
4 외암마을에 들어가려면 냇가를 건너야 한다. 지금은 풍경으로만 남아 있지만, 예전에는 마을로 들어가는 관문이었다.
5 연못의 중심부를 가르는 다리다. 나무를 엮어 그 위에 흙을 얹었다. 길처럼 편안하다.

1 항아리는 정주를 시작하면서 만든 그릇 중 가장 대표적인 용기다. 항아리의 발효기간은
무엇보다 길어 장이 익어 가는 마을은 사람의 마음도 정착하는 곳이다.
2 현대와 전통이 만나 어색한 곳에 가려 주는 움막을 만들었다. 안에는 전기 시설물이 있다.
3 사립문 곁에 붓꽃이 피고 담쟁이덩굴은 타고 오른다. 자연물의 어울림은 언제나 편안하고
안정감을 준다.
4 디딜방아가 남아 있다. 사람의 힘으로 곡식을 찧던 기구다.
5 예전에 사용했던 빨래터다. 동네 아낙들이 모여 빨래를 하며 마을 돌아가는 이야기를
나누던 장소이기도 했다
6 외암마을의 특별한 점 중 하나가 물의 이용이다.
집마다 물을 끌어들여 직접 이용하기도 하고 미관으로 이용하기도 했다.
담장에 만든 수문을 이용하여 물의 양을 조절할 수 있게 했다.
7 밭에도 돌담을 둘렀다. 듬성듬성 서 있는 나무가 운치를 더한다.

17-1. 감찰댁 충남 아산시 송악면 외암리

한옥에서 보기 드물게 마당이 아름다운 집

외암마을에는 충청지방 고유 격식을 갖춘 양반가의 고택과 초가집이 돌담과 정원을 옛 모습 그대로 보존하고 있다. 마을 뒷산인 철학산 계곡에서 흘러내리는 시냇물을 끌어들여 연못의 정원수로 이용하거나 생활용수로 쓰기도 한다. 다른 마을에서는 볼 수 없는 치수방법이다. 그러한 이유로 특색 있게 꾸민 정원이 아름답다.

외암마을에서 감찰댁은 관직명을 따서 지어진 이름이다. 잘 가꾸어진 사대부 집의 전형이다. 정원과 정자까지 갖춘 집으로 넓은 마당과 마당에 나무를 심지 않은 한옥의 일반적인 특성에서 벗어나 작은 조원을 만들었다. 조원에는 소나무를 심어 놓았는데 소나무 중에서도 고급품종으로 다복솔이다. 한옥은 집안에 큰 나무를 심지 않는다. 감찰댁의 다복솔도 그리 크지 않으면서 운치가 있다.

조원 건너편에는 모임지붕인 정자가 자리 잡고 있다. 마당 귀퉁이에 자리 잡은 모습이 주위와 어울려 마치 숲 속에 자리한 정자 같은 느낌이 든다. 조선 사대부의 한옥이라기에는 변형된 것이 많이 눈에 띈다. 사랑채나 내담, 샛담이 없이 마당이 하나로 트인 것은 애초에 있던 건물들이 허물어진 것을 치웠거나 의도적으로 마당을 넓게 사용하려는 방안으로 나머지 건물들을 헐었을 가능성이 있다. 그러한 덕분에 감찰댁은 현대적인 양식의 한옥으로 보인다. 들어서면 우선 조원과 시원하게 자리 잡은 ㄱ자형의 집이다. 한옥은 공간을 분할하는 담이 허물어지면 마당이 한순간에 넓어진다.

밖에서 보는 감찰댁의 아름다움보다 안에서 마당을 바라보는 것은 진정한 기쁨이다. 한옥이 일반적으로 대청이나 방에서 밖을 내다보면 고운 모습을 보이지만, 감찰댁은 그 정도가 한 단계 높다. 한옥에서 마당이 아름다운 집이 드물다. 마당에 정원을 꾸미지 않고 나무도 심지 않기 때문이다. 대신 우리의 조경은 후원으로 옮겨졌다. 마당은 농산물을 처리하는 일터이기도 하고 집에 경조사가 있을 때 잔치를 치르는 장소이기도 했다. 감찰댁은 밖에서도 안이 훤히 들여다보인다. 낮은 돌담의 높이가 주는 편안함과 마당의 넓은 공간이 거침 없이 훤하다. 남녀 공간이나 신분을 가르는 구조적인 틀이 없다. 현대적인 감각이 느껴지는 집이다. 잘 가꾸어졌을 뿐 아니라 마당에 있는 조원이 곱게 꾸며져 있어서다.

감찰댁은 정장을 잘 차려입은 것처럼 정돈된 모습을 지녔다. 특별한 점이 보이지 않으나 대청 앞의 평주와 퇴보는 사각기둥으로 두 열로 서 있는데 마치 궁궐의 행랑을 보는 듯하다. 단정하면서도 듬직한 도열이 한 치의 어긋남도 없이 잘 훈련된 병사를 보는 것 같다.

변소

온돌방

부엌

안방

부엌

보일
러실

사랑방

0 2 5 10m

이동식씨 댁, 감찰댁

위_ 마당에서 본 감찰댁 본채의 모습이다.
세벌대 기단 위에 깔끔하게 정돈된 모습이다.
아래_ 기둥의 열병식을 거행하는 장면으로
착각하게 한다. 오와 열이 맞고 들어걸개문과 사각기둥이
시원하기만 하다.

1

2

3

1 사각기둥 사이로 보이는 정원의 풍치가 일품이다. 마당이 넓으면서도 한 풍광 한다.
2 건물의 어느 곳에서 바라보아도 밖의 풍경은 한 자리를 차지한다. 지붕선과 기단선 그리고 돌계단이 어울린다.
3 문얼굴 안에 가득한 마당의 조원과 정자의 모습이 동양화를 연상케 한다. 마당이 아름다운 집이다.

1 대청에서 마당을 내다본 풍경으로 들어걸개문이 가지런하고 마당의 소나무가 정면으로 들어온다.
정원의 위치와 나무의 크기를 고려한 흔적이 보인다.
2 들어걸개문을 걸어 놓은 모습. 문의 도열이 정갈하고 기개있어 보인다.
3 돌담과 사주문의 모습.

1 완벽하게 구성된 자연의 하모니다.
대문으로 들어가는 고샅이 좁고 길면서 작다.
2 안에서 보는 정원의 고운 모습이
밖에서도 여전히 독자적으로 아름답다. 작은 나무와 둔덕으로
집 전체와 어우러지게 하였다.
3 한옥의 특징 중 하나가 부재를 드러낸다는 점이다.
기둥과 기둥 사이를 가로지르는 부재가 인방인데 여기서는 이미
훌륭한 장식의 일부가 되었다.
4 내부를 현대식으로 개량하였다.
5 현대식 등. 한지로 곱게 발라진 천정과 수수하게 느껴지는 등이
서로 잘 어울린다.

18. 안동 군자마을 경북 안동시 와룡면 오천리

우리나라 최고의 전통요리책인 『수운잡방』이 탄생한 마을

군자마을의 풋굿 축제를 아시나요. 풋굿은 굿하면 흔히 무당을 연상하지만, 농경사회에서 농한기 때 쉬면서 다 같이 모여 익지 않은 음식을 나누어 먹으며 축제를 여는 행사. 여기서 '풋'이란 '익지 않은 음식'을 말한다. 바쁜 농사일을 마치고 이제 한시름 놓았기 때문에 마을 잔치를 벌이며 한바탕 흐드러지게 논다. 풋굿은 한문으로는 초연草宴이라 하는데 익지 않은 날것을 먹는 것에서 유래했음을 알 수 있다. 풋굿을 '호미씻이'라고도 한다. 호미씻이란 논매기를 마쳤다는 것을 상징적으로 드러낸 말로 지방에 따라서는 풋구·머슴날·장원례壯元禮라고 한다. 전남 진도에서는 길꼬냉이, 경북 선산에서는 꼼비기라고도 한다. 군자마을에서는 풋굿 또는 '풋구먹는다'는 말이 보편적으로 쓰인다. 풋굿은 현재 우리나라에서 유일하게 군자마을에서 행해지고 있다.

안동은 특색 있는 먹을 것이 많다. 헛제사밥·안동소주·안동식혜·건진국수·안동간고등어 등이 있다. 군자마을의 유래는 도학군자가 나란히 나왔는데, 당시 안동 부사였던 한강 정구 선생이 "오천 한 마을에는 군자 아닌 사람이 없다."라고 하여 선성지에도 기록되어 있다고 한다. 이들은 모두 퇴계 선생의 문도이고 군자리란 말은 여기서 연유되었다.

군자마을은 조선조 초기부터 전통을 이어온 외내에 있었던 건축물 중 문화재로 지정된 것과 그 밖의 고가들을 1974년 안동댐 조성에 따른 수몰을 피해 새로 옮겨 놓은 오천 유적지이다. '군자리'라고도 불리는 이 유적지는 산 중턱에 자연스럽게 조성되었으며, 앞 골짜기가 호수를 이루고 있어 풍광이 아름답다. 유적지는 터를 2단으로 구분하여 아래쪽에 주차장을 만들었고, 위쪽에는 산기슭의 경사면을 따라 광산 김씨 예안파의 중요 건물들을 잘 배치하여 놓았다. 도산서원 등과 더불어 안동의 주요 관광코스의 하나가 되었다.

이전되기 전의 군자마을의 입향조는 김효로이다. 조선 전기의 학자이며 광산 김씨 예안파의 입향조이다. 생원시에 합격하였으나 벼슬에 뜻이 없어 과거를 단념하고 학문과 조용한 삶을 즐겼다. 광산 김씨 예안파가 20여 대에 걸쳐 600여 년 동안 세거해 왔다. 유림에서는 사당을 세우고 퇴계의 조부인 이계양과 김효로의 위패를 모셨으며 사당 이름을 향현사라 하였다. 이는 이 고을에 자리 잡은 두 명망 있는 가문의 조상으로서 그 자손 중에 어질고 총명한 사람을 많이 배출하였기 때문이다.

동성마을의 구심점은 종가다. 종가는 철저하게 조상숭배 관념에 기초한 건축으로 조상에게 제사를 지내고 후손을 길러내는 터전이다. 동성마을의 정신적 지주이고, 조상의 위패가 모셔져 삶과 죽음이 이어진 공간이다. 상류주택의 요소를 갖춘 제사 공간인 사당, 후조당이 있다. 남성 공간인 후조당 사랑채와 여성의 공간인 후조당 안채가 중심이 된다. 이밖에 행랑채, 곳간채, 대문채 등 부속 공간들이 겹집의 형태로 자리하고 있다. 사당과 안채는 폐쇄적으로 보호되는 ㅁ자형이 주종을 이루고, 사랑채와 행랑채 등은 외부로 열려 있는 형태를 취한다. 다시 각 공간은 사랑마당, 안마당, 사당공간이 정방형의 형태를 보이고 있다.

군자마을에는 문화적으로 가치있는 책들이 여럿 전해지고 있다. 우리나라 최고의 전통요리책인 『수운잡방』이 그것이다. 『수운잡방』은 김유공이 지은 우리나라 최고의 요리서 가운데 하나다. 상하 두 권으로 상권에 70종, 하권에 38종, 모두 108가지의 각종 음식 만드는 방법을 한문으로 기록해 놓은 책이다. 술 담그는 법, 간장, 김치 만드는 요령 등으로부터 생강, 참외, 연을 기르는 법을 설명하고 있다. 500년 전 사림 계층의 식생활 관계 정보를 여러 방면에서 파악해 볼 수 있다. 특히 주목되는 것은 몇 개 항목의 기술이 이

왼쪽 위_ 군자마을은 조선조 초기부터 전통을 이어 온 외내리에 있었던 건축물 중 문화재로 지정된 것과 그 밖의 고가들을
안동댐 조성에 따른 수몰을 피해 새로 옮겨 놓은 오천 유적지이다.
왼쪽 아래_ 침락정과 계암정. 산 중턱에 자연스럽게 조성되었으며, 앞 골짜기가 호수를 이루고 있어 풍광이 아름답다.
오른쪽_ 탁청정 종가. 산기슭의 경사면을 따라 건물을 잘 배치하였다.

안동 군자마을 227

보다 100여 년 뒤에 나온 『규호시의방』에 그대로 되풀이된 점이다. 이것은 『규호시의방』이 『수운잡방』을 참고 했을 가능성이 있음을 뜻한다.

누정은 산과 물과 사람이 만나는 곳이다. 학문과 은둔의 장소이기도 했고, 사교와 유흥의 장소이기도 했다. 한국 건축물 중에서 자연과의 교감이 가장 두드러진 장소다. '누'는 2층 이상의 높은 다락집으로 방과 마루가 겸해 있다. '정'은 1층으로 된 것을 말하고 마루가 중심이 된다. 정자는 마루만이 있고 사방이 탁 트이고 기둥만 있다. 군자마을도 전통마을답게 정자문화가 발달한 곳이다.

위_ 후조당. ㄱ자 평면구성으로 건물 주위에 쪽마루를 둘렀다.
아래_ 읍청정. 겹처마 팔작지붕이다.

1 계암정. 정면 4칸, 측면 2칸의 전퇴집이다.
2 낙운정. 전·좌·우 툇간을 만들고 계자난간을 둘렀다.
3 담장 너머로 내림마루, 추녀마루가 있고 추녀마루 끝에 망와가 보인다.
4 탁청정 종가. 판벽 사이로 국화정으로 장식한 널판문이다. 위에는 세로살로 붙박이창을 만들었다.

18-1. 종택 사랑채

경북 안동시 와룡면 오천리 산28-1

왕가에서 쓰던 금강송으로 지은 종택 사랑채

종택 사랑채는 마을 한가운데를 차지하고 있다. 안동댐 건설로 조상 대대로 살아왔던 군자마을이 물에 잠기게 되자 지금의 자리로 집과 사당을 비롯한 건물들은 해체하여 복원시켰다.

종택 사랑채에는 남성공간인 사랑채가 남아 있다. 종택이란 문중의 큰집이며 한 문중에서 장남으로만 이어 온 큰집이다. 조선 중기 이후 종가는 선조先祖의 제사와 가계 및 사회적 지위를 상속하고 친족집단을 통합하는 중심이 되었다. 종가의 가계는 자손이 없을 때는 양자에 의해서라도 반드시 계승되어야 하는 것으로 여겼다. 과거 종가의 호주는 종중 재산의 소유와 관리를 위임받고 행사할 수 있었다. 오늘날 종가의 법률적 의미는 없고 풍속상의 관념에 불과하다.

종택 사랑채는 한일자 여덟 칸 집이다. 一자형은 횡으로 길게 이어져 있어 건물이 커 보이고 시원하다. 동쪽에 두 칸 방이 하나 있고 서쪽에 방 한 칸이 있다. 두 방 사이에는 곰배 정자형의 마루가 깔렸다. 곰배는 '고무래', '곰방메'의 강원, 경상, 충청지방 방언으로 흙을 잘게 부수거나 찰떡을 칠 때에 떡메로도 쓰는, 나무로 만든 연장이다.

계자각 헌함이 달렸고 높은 댓돌 위에 세워진 것으로 당당한 모습이다. 건물은 모두가 춘양목으로 되어 있으며 정면의 난간을 받치는 기둥의 일렬은 돌기둥이다. 건물의 부속 대문간은 사주문이며 그에 이어 언덕을 내려가는 자연석계단이 있다. 춘양목을 쓸 정도로 재력과 영향력이 있었음을 보여 준다. 춘양목은 우리나라에서 가장 품질 좋은 소나무로 왕가나 절에서나 쓰던 소나무다. 춘양목이란 이름은 금강송을 실어 나르기 위한 역 이름에서 출발했다. 봉화·울진·삼척 등지에서 벌채한 질 좋은 소나무를 1955년 7월에 개통된 춘양역에 집산하고, 춘양역에서 다시 서울 등지로 실어 날랐다. 조선시대에는 함부로 벌채하면 곤장을 맞거나 외지로 쫓겨나기까지 했다. 춘양역에서 실어 온 질 좋은 소나무를 부르던 '춘양목'이란 이름은 춘양역에서 소나무를 실어 낸 지 50여 년이 지난 지금도 여전히 많은 이들의 입에 오르내리며 질 좋은 소나무의 대명사로 군

어졌다. 후조당 우측의 종택 사랑채는 위계가 가장 높은 정침이다. 그 우측에 있는 건물은 장판각과 숭원각이 딸려 있다. 정침은 마루에 오르기 전 기단으로 오르는 계단이 양쪽으로 만들어져 있어 독특하다. 사랑채는 건물의 전면에서 담장이 열리며 조경이 집 안팎으로 흐르는 듯하다.

대청의 천장에서 고서 및 문집류, 고려 말기의 호적, 조선시대의 호적·교지·토지문서·노비문서·각종 서간류 등 희귀한 전적류가 발견되었다.

왼쪽_ 사랑채로 오르는 계단 모습. 양옆으로 오르는 계단을 모아 정면으로 다시 방향을 바꾸어 오르도록 했다.
오른쪽_ 건물은 모두 춘양목으로 했으며 돌기둥 위로 계자난간을 설치했다.

안동 군자마을 231

1 사랑채의 측면 모습.
2 맞배지붕인 사주문으로 오르는 자연석계단이 시원스럽다.
3 툇마루에 단을 두었다.

1 툇마루를 한 단 낮게 하고 천장은 고미반자를 설치하여 수장고를 들였다.
기둥과 초석 모두 직각으로 만들어진 방형의 절도가 보인다.
2 툇간 꾸밈이 격조 있어 보인다.
3 계자난간은 처마선 안쪽으로 만들어 낙숫물이 닿지 않도록 했다.
4 팔각형 안에 빗살무늬를 넣은 불발기창이다.
5 광창의 완자살 무늬가 상부의 부재와 잘 어울린다.

18-2. 후조당 後彫堂 | 경북 안동시 와룡면 오천리 산28-1

고난을 견디어 굳게 절조를 지키는 것을 뜻하는 별당이다

후조당으로 오르는 계단이 위엄이 있고 가파르다. 후조당은 혼자 서 있는 품새가 의젓하고 당당한 건물이다. 후조는 늦게 시듦을 말하는 것으로 고난을 견디어 굳게 절조를 지키는 것을 뜻한다. 후조당은 광산 김씨 후조당後彫堂 김부필의 호다. 자신의 호를 따서 지은 별당이 후조당이다. 김부필은 중종 23년, 1537년 사마시에 합격하고 태학에 있으면서도 동료 사이에 두터운 신뢰와 존경을 받았다. 27세 되던 9월 부친상을 당하고 다음 해 7월에 인종이 승하했으며, 아버지의 상을 벗은 다음 해엔 조부상을 당하였다. 잇단 슬픔에 삶의 의욕조차 잃을 만큼 심한 마음의 충격으로 벼슬길에 나가 출세하려는 청운의 뜻마저 버릴 만큼 큰 심경의 충격을 받았다.

초야에 숨어 학문과 인격도야를 위한 공부에만 뜻을 두고 노모를 극진히 봉양하면서 32세에 처음 퇴계 이황의 문하에 들어간다. 진작 도학의 문에 들지 못했음을 깊이 뉘우쳤다고 한다. 뜰 앞에 송백을 심고 한역寒疫 때문에 숲을 가꾸어 자연을 즐기며, 더욱 매화를 사랑했다. 오직 도학에 깊이 둔 마음을 매화에 붙이고 스승 퇴계와의 사이에 많은 시서를 주고받았다. 『퇴계문집』속에 유고가 실려 있다.

지조 높은 선비로서 고고하게 살아가는 김부필에게 나라에서 여러 번 벼슬길에 나가기를 권했지만, 오직 학문과 도에 전념하며 출세의 길로 나가지 않았다. 조선실록에는 이렇게 김부필을 세상으로 나오기를 바라며 벼슬을 주는 내용이 적혀 있다.

"산야의 행실이 있는 사람이나 이미 벼슬을 제수한 자 중에 더욱 특이한 자는 차례에 따르지 않고 발탁하여 쓰라."고 전교하셨으므로, 서계書啓합니다.

이황은 직접 간접으로 김부필의 도학이 정밀하고 깊음을 깊이 감탄하였다고 한다. 교학 사업에 있어서도 뜻을 지녀 도산서원을 창건함에 앞장섰다. 율곡 이이도 김부필의 죽음을 이렇게 안타까워했다. "무오년 가을에 후조당을 도산에서 만나 여러 날 함께 토론하니, 공의 의는 정통하고 인은 완숙하며 학문은 최상에 이르러 있었는데, 오늘 공이 죽으니 그의 높은 도는 상실되고 정의는 빛을 잃으니 율곡은 이를 슬퍼하는 바이다."

조선 선조 때의 문신 후조당 김부필이 지었다고 전하는 별당건물이다. 원래는 예안면 오천동에 있었으나 안동댐 건설로 말미암아 1974년 이곳으로 옮겨서 지었다. 광산 김씨 예안파 종택에 딸린 별당으로, 종택은 별당·정침·사당·재사·창고 등으로 구성되어 있다. 원래 정침에 부속된 건물이고, 지붕은 팔작지붕 집이다. 단아하면서도 중심이 서 있는 의젓함을 지니고 있다. 정면 4칸, 측면 2칸의 一자형에 오른쪽으로 2칸 마루와 방을 달아 ㄱ자형을 이룬 큰 규모의 별당이다. 정침 왼쪽 담장 안에 있으며, 정침으로 통하는 협문과 정문을 갖추었고 왼쪽에는 사당으로 통하는 신문神門이 있다. '후조당'이라는 현판은 스승인 퇴계 이황의 글씨이다.

대청의 천장에서 고서 및 문집류, 고려 말기의 호적, 조선시대의 호적·교지·토지문서·노비문서·각종 서간류 등 희귀한 전적류가 발견되었다. 후조당은 임진왜란 전에 창건되고 몇 번의 중창을 거쳐 지금에 이른다. 2중 대들보에 오량가로 큰 대들보 위에 다시 종량이 있고 솟은 대공이 그것을 받친 양식이다. 집의 모양은 ㄱ자로 꺾어져 있으며 방 둘과 여섯 칸의 큰 대청으로 되어 있다.

왼쪽_ 여름에 들어걸개문을 걸어 놓고 외부를 바라보면 외부와 내부가 다르지 않다. 대청에 앉은 자리가 풍경의 중심이 되게 한다. 한옥이 가진 자연과의 친화력은 뛰어나다.
오른쪽_ 정면 4칸, 측면 2칸의 一자형에 오른쪽으로 2칸 마루와 방을 달아 ㄱ자형을 이룬 큰 규모의 별당이다.

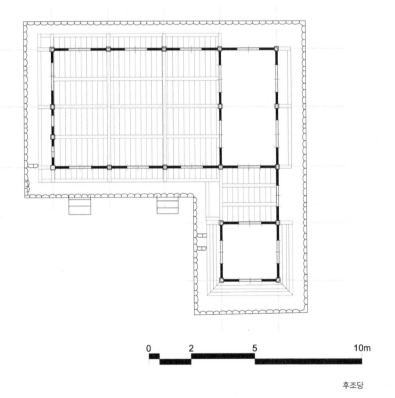

위_ 기단을 막돌로 쌓아 거친 멋이 있다.
후조당의 다듬어진 여성스러운 멋과 상반된 조화를 이룬다.
아래_ 회벽처리를 하여 단정해 보인다. 홑처마의 서까래 모습은
마치 지붕에 날개를 달아 날아갈 듯 하다.

```
0      2        5                    10m
```

후조당

1 '후조당' 현판은 스승인 퇴계 이황의 글씨이다.
화반형대공과 가구구성이 현판을 위해 만들어 놓은 것 같다.
2 들어걸개분합문 가운데 영쌍창을 내었다. 창호의 전시장 같다. 마루와 방을
함께 드려 사계절 이용할 수 있는 공간으로 만드는 것이 한옥의 특별함이다.
3 대청 풍경. 큰 집의 면모를 유감없이 발휘한다.
세살청판분합문이 빈틈없이 늘어서 있다.

1 이황은 직접 간접으로 김부필의 도학이 정밀하고 깊음을 깊이 감탄하였다고 한다.
김부필이 이용한 이곳 대청은 여름공간이며 확 트여 거칠 것이 없다.
2 문을 모두 개방하니 앞뒤가 마루를 중앙으로 하나의 공간이 된다.
3 문얼굴 사이로 대청과 풍광이 교류한다.

1 전시실의 벽면 같다. 면의 분할이 각의 꺾임과 만나 질서가 보인다.
2 우리판문이 오래되어 옹이만 빠져 구멍이 뚫렸다.
3 후조당 쪽마루에서 바라본 맞배지붕 사주문이다.
4 까치발을 아주 멋스럽게 만들었다. 상부의 둔탁함과 하부의 기교가 예사롭지 않다.
5 종보 위에 종도리의 하중을 받는 화반형대공이다.
6 충량 위로 눈썹천장이 보인다.
7 들어걸개문을 거는 걸쇠.
8 쪽마루를 받치는 동바리기둥이 마름모형이다.
9 마을 가까운 곳에서 구한 자연석으로 토석담과 기단을 쌓아
냇가의 돌과 집을 지은 돌이 다르지 않은 것이 전통한옥의 자연성이다.

19. 안동 하회마을

경북 안동시 풍천면 하회리

정신문화의 수도, 안동의 하회마을

낙동강이 큰 S자 모양으로 마을 주변을 휘돌아 간다. 물이 돌아간다고 해서 하회河回다. 오른편 안동시에서 흘러나와 왼편으로 흘러간다. 안동 하회마을은 풍산 류씨가 600여 년간 대대로 살아온 한국의 대표적인 동성마을이며, 기와집과 초가가 오랜 역사 속에서도 잘 보존된 곳이다. 특히 조선시대 때 유학자인 류운룡과, 이순신을 천거했고 임진왜란 때 영의정을 지낸 『징비록』의 저자 류성룡 형제가 태어난 곳으로도 유명하다. 길 하나 사이에 집을 마련하고 있다. 하회마을의 상징적인 류운룡의 양진당과 겸암정사, 류성룡의 충효당과 옥연정사가 있다. 하회마을은 두 사람을 빼놓고 이야기하기가 어렵다. 두 사람의 흔적이 묻어 있지 않은 곳이 드물 정도로 하회는 두 형제의 마을이다. 안동 하회마을 전면에 있는 부용대 중간에는 단애의 절벽에 겨우 한 사람이 지날 정도의 길이 있다. 길의 양끝에는 류성룡의 옥연정사와 류성룡의 형이 지은 겸암정사가 있다. 두 사람이 오고 가던 길이라 형제의 길이라고도 한다.

하회마을은 풍수지리적으로 태극형·연화부수형·행주형으로 일컬어지며, 이미 조선시대부터 사람이 살기에 가장 좋은 곳으로도 유명했다. 마을의 동쪽에 태백산에서 뻗어 나온 화산이 있고, 이 화산의 줄기가 낮은 구릉지를 형성하면서 마을의 서쪽 끝까지 뻗어 있다. 수령이 600여 년 된 느티나무가 있는 곳이 마을에서 가장 높은 중심부에 해당한다. 느티나무가 있는 이곳은 하회마을의 정신적인 중심역할도 수행하고 있다. 600년이 넘은 느티나무는 신성시되고 있어 폐쇄된 곳처럼 미로 같은 좁은 길을 걸어 들어가면 느티나무가 있는 공간이 나온다. 하회마을의 집들은 느티나무를 중심으로 강을 향해 배치되어 있기 때문에 좌향이 일정하지 않다. 한국의 다른 마을의 집들이 정남향 또는 동남향을 하는 것과는 상당히 대조적인 모습이다. 또한, 큰 기와집을 중심으로 주변의 초가들이 원형을 이루며 배치된 것도 특징이다.

하회마을에는 서민들이 놀았던 '하회별신굿탈놀이'와 선비들의 풍류놀이였던 '선유줄불놀이'가 있다. 현재까지도 전승되고 있고 우리나라의 전통생활문화와 고건축양식을 잘 보여 주는 문화유산들이 잘 보존되어 있다. 하회마을은 현재에도 주민이 사는 자연부락이다. 구한말까지 350여 호가 있었으나 현재는 150여 호에 사람이 살고 있다. 마을 내에는 총 127채 가옥이 있으며 437개 동으로 이루어져 있다. 127개 가옥 중 12개 가옥이 보물 및 중요민속자료로 지정될 만큼 역사적인 의미에서나 전통적인 입장에서 중요한 마을이다.

하회마을의 풍산 류씨가 들어와 살기 전에는 허씨와 안씨가 먼저 살았다고 한다. 하회마을에는 '허씨 터전에 안씨 문전에 류씨 배판'이란 말이 전해 내려오고 있다. 하회탈의 제작자가 '허 도령'이었다는 구전 및 강 건너 광덕동의 건짓골에 허 정승의 묘가 있어 지금도 해마다 류씨들이 벌초하고 있다. 인연이 깊었기에 가능한 일이다.

풍산 류씨는 본래 풍산 상리에 살았으므로 본향이 풍산이지만, 제7세 류종혜 공이 화산에 여러 번 올라가서 물의 흐름이나 산세, 기후조건 등을 몸소 관찰하고 나서 이곳으로 터를 결정했다고 한다. 입향에 관하여 '나눔'의 전설이 있다. 집을 건축하려 하였으나 기둥이 3번이나 넘어져 크게 낭패를 당하던 중, 꿈에 신령이 현몽하기를 여기에 터를 얻으려면 3년 동안 활만인活萬人 즉, 만 명의 사람을 살려야 집을 지을 수 있다는 계시를 받았다. 큰 고개 밖에다 초막을 짓고 행인에게 음식과 노자 및 짚신을 나누어 주기도 하고, 참외를 심어 인근에 나누어 주기도 하면서 수많은 사람에게 활인活人을 하고서야 하회마을에 터전을 마련할 수 있었다고 한다. 입향하고 나서 풍산 류씨들은 계속된 후손들의 중앙관계에의 진출로 점점 성장하였으

왼쪽_ 하회마을은 사대부 집과 서민집들이 공존하며 사는 마을이었지만 출세한 사대부들의 고장이기도 하다.
오른쪽_ 선비들의 풍류놀이였던 '선유줄불놀이'가 있다. 현재까지도 전승되고 있다. 바로 이 강에서 즐기던 놀이다.

안동 하회마을 241

며, 류중영, 류경심, 류운룡, 류성룡 등 조선 중기에 배출한 명신들로 더욱 번창하게 되었다.

고유의 '하회별신굿탈놀이'로 유명한 이 마을은 크게 남촌과 북촌으로 나눌 수 있으며 유서 깊고 제법 크기를 갖춘 많은 문화재를 잘 보존하고 있다. '정신문화의 고장, 안동' 다운 면모를 가지고 있다. 안동은 한국 철학의 큰 산인 퇴계와 이현보의 문학이 만나는 곳이기도 하다. 또한, 민속놀이로도 큰 의미가 있는 곳이다. 특히 별신굿에 쓰이던 탈들은 국보로 지정되어 있는데, 그 제작 연대를 고려시대로 추정하고 있어 마을의 역사가 뿌리 깊음을 짐작할 수 있다. 선비들의 풍류놀이였던 '선유줄불놀이'를 다시 재현하고 있어 하회마을은 한국문화의 중심지라는 자부심에 부응하고 있다. 또한, 대표적 가옥이라 할 수 있는 양진당, 충효당, 북촌택, 남촌택, 옥연정사, 겸암정사 등 많은 건축은 조선시대 사대부가의 생활상과 발달한 집 구조 등을 연구하는 데도 귀중한 자료가 되고 있다.

더할 수 없이 멋스러운 경치에 민속과 유교 전통을 잘 유지하는 곳으로 우리나라 정신문화의 연구·보존·발전에 중요한 위치를 차지하는 마을이다. 1999년 영국여왕 엘리자베스 2세가 하회마을을 다녀갔고, 경주 양동마을과 함께 세계적으로 그 가치를 인정받아 2010년 8월 1일 유네스코(UNESCO: 국제연합교육과학문화기구) 세계유산에 등재되는 쾌거를 이루었다. 이제 하회마을은 세계 속에 자랑스런 우리의 문화유산이다.

위_ 부용대에서 바라본 하회마을 전경. 낙동강이 돌아서 흘러가는 곳에 자리하고 있어 하회마을이라고 한다. 물도리 마을이라고도 한다.
아래_ 인공으로 조성한 소나무 숲이 마을을 더욱 풍성하게 해 준다. 하회마을의 여름은 초록이 점령했다.

왼쪽_ 길과 집들이 서로 품기도 하고 벗어나기도 하면서 모여 있다. 사람은 늘 체온이 그리운 존재다.
오른쪽_ 고유의 하회별신굿탈놀이로 유명한 이 마을은 크게 남촌과 북촌으로 나눌 수 있으며 유서 깊은 많은 문화재를 잘 보존하고 있다.

안동 하회마을

1 골목길이 혼자 가면 적당하고 둘이 가면 좁은 길이다. 기와와 초가, 토석담과 토담의 대비가 눈을 끈다.
2 좁은 골목길을 길게 걸어 들어가면 신목이 있다. 사람들의 소원을 적은 종이를 매달아 놓은 줄을 보면 마음이 숙연해진다.
3 하회마을은 어느 전통마을보다도 잘 정돈되어 보존되고 있다. 길도 말끔하다.
4 지붕선이 복잡하게 얽혀도 잘 어울린다.
5 와편굴뚝이 호사했다. 지붕의 모양새를 전부 갖췄다.
6 하인방으로 쓴 재목이 보통 여유로운 것이 아니다. 문설주의 길이도 다르다. 아쉬운 것은 새로 갈아 끼운 인방이 같은 빛깔을 가지려면 시간이 필요하다.

1 하회마을 강변에 자리 잡은 소나무 숲이 장관이다.

2 길과 둥근 곡선의 초가가 곱다. 침묵이 걸음마다 밟히는 길이다.

3 전통마을을 걷는 마음은 소풍 온 기분이다. 끝이 보이지 않고 휘어져 돌아간 마을길은 끝까지 걸어 봐야 마지막 풍경을 놓치지 않는다.

4 훔쳐보는 것이 더 아슬아슬하고 호기심을 불러일으킨다. 마당에 심어 놓은 화초가 가지런하다.

5 하회마을에서도 가장 넓은 길이다. 우리의 전통마을은 사거리가 거의 없다. 삼거리로 나누어진다. 각으로 나누어지는 것을 경계했다.

6 너른 마당을 가진 집이 한가로워 보인다. 마당 넓은 집을 보면 하늘을 크게 가진 것 같아 마음이 흐뭇하다. 부속건물이 없어지고 안채와 일부 담장만 남아 있다. 오히려 신분이 사라지고 남녀의 공간분할이 없어져 시원하다.

7 토담과 와편담장이 저마다 다른 빛깔 다른 재료로 만들어져 만나고 있다. 달라서 더 좋은 풍경을 만든다.

8 양편의 담이 서로 다르다. 그래도 길을 공유하고 있다. 다름이 틀린 것이 아니라는 철학을 길은 말하고 있다.

19-1. 충효당

忠孝堂 | 경북 안동시 풍천면 하회리 656

대를 이어오면서 완성된 집

조선 중기 이름난 문신이었던 서애 류성룡의 집이다. 현재의 집은 류성룡이 손수 지은 집이 아니다. 소박한 집이었던 것을 후손들이 증축하면서 지금의 모습이 되었다. 류성룡이 생존 시에 지어진 모습이 현재의 충효당으로 아는 사람들이 많지만, 충효당의 특별한 점은 류성룡 문하생들의 도움으로 손자인 유원지가 사랑채와 안채를 지었다. 증손자인 유의하가 확장 수리한 것이다. 행랑채는 8대손 유상조가 지었다. 대를 이어 내려오면서 완성된 집이다. 세월이 가면서 더욱 확장되고 견고해진 집이 충효당이다. 류성룡의 사람됨과 자손들이 선조인 류성룡을 바라보는 시선을 알 수 있는 본보기다.

충효당 사랑채 대청마루에 앉아서 후원 방향 문을 열어 놓고 바라보고 있으면 묘한 예술적인 힘이 몸속에 스민다. 몇 번을 방문했지만 몰랐던 특별한 느낌을 받았던 기억이 난다. 마루에 앉아서 주인 된 마음으로 바라보는 느낌과 대문간을 들어서서 타인의 심정으로 바라보는 마음의 흐름이 다르다. 마루에 앉아서 바라보면 절묘한 예술적 향기에 취한다. 후원의 돌담과 잔디가 깔린 정원에 심어진 나무들이 빛을 발한다. 참 아름다운 공간임을 느끼는데 내 마음이 세상의 중심이 된 마음임을 이해하게 된다.

한국적 철학, 유교적인 조선의 마음은 나 자신을 고고하게 키우고 나서 세상으로 나아가는 것을 정도로 가르쳤고 실천할 것을 중요하게 다루었다. 충효당 사랑채에서의 감흥이 그랬지만 다른 정자나 누각에 올라앉아 있으면 주변 경치가 하나의 풍경으로 다가온다. 한옥의 아름다움과 한옥의 정취는 세상을 풍경으로 끌어들이는 묘한 마력 같은 매력을 가진 건축물이다. 개인 집이 보물로 인정받는 경우는 드문데 하회마을에서는 류성룡의 형이 거주한 양진당과 더불어 충효당이 보물로 지정되었다.

류성룡은 여러 벼슬을 두루 거치고 임진왜란 때에는 영의정으로 전쟁의 어려운 상황을 이겨내는 데 많은 공헌을 했다. 『징비록』과 『서애집』은 임진왜란사 연구에 빼놓을 수 없는 귀중한 자료로 평가받고 있다. 충효당은 행랑채, 사랑채, 안채로 구성되어 있다. 서쪽을 정면으로 긴 행랑채를 두고 안쪽으로 ㅁ자 모양의 안채와 一자형의 사랑채가 연이어 있다. 사랑채는 남자주인이 생활하면서 손님들을 접대하는 공간으로 왼쪽에서부터 사랑방, 대청마루, 방, 마루로 이루어져 있다. 행랑채 옆에는 여물통이 걸려 있는 것으로 보아 소 외양간으로 보인다. 소가 먼저 사람을 반기고 만나는 곳이 한국의 가옥구조다. 사람과 가축의 동거는 평생을 같이한다는 점에서 다른 나라에서의 가축의 개념과 다르다. 특히 소는 남다른 가족애를 가진 동물이었다. 안채는 안주인이 생활하면서 집안 살림을 돌보던 공간으로 동북쪽에 부엌을 두고 ㄱ자로 꺾여서 안방, 대청, 건넌방이 있다. 건넌방 앞에는 마루와 2칸의 온돌방, 부엌이 있으며 사랑채와 연결되어 있다. 사랑채 대청에 걸려 있는 '충효당忠孝堂'이라고 쓴 현판은 명필가였던 허목이 쓴 것이다. 충효당은 비교적 지을 당시의 모습을 잘 간직하고 있어 조선시대 민가 건축 연구에 귀중한 자료가 되고 있다.

조선 중엽의 전형적 사대부 집으로 대문간채, 사랑채, 안채, 사당으로 52칸이 남아 있다. 충효당 내에는 영모각이 별도로 건립되어 류성룡의 귀중한 저서와 유품 등이 전시되고 있으며, 바깥마당에 엘리자베스 2세의 방문기념 식수가 있다. 서애 류성룡의 종택이다. 충효당은 충신과 효자를 배출해 나라로부터 공식적으로 정려 받아 충효당이라 불리게 되었다. 정충각과 정효각이 있어 충효당이 된 것이다. 정려旌閭란 국가에서 미풍양속을 장려하기 위해 효자·충신·열녀 등이 살던 동네에 붉은 칠을 한 정문旌門을 세워 표창했다.

왼쪽_ 솟을대문이 행랑채와 함께 어깨를 걸고 있다. 전통미와 함께 올 곧은 선비의 정신이 느껴진다.
오른쪽_ 여닫이 쌍창과 용자살 영창이다.

충효당은 산비탈을 깎아내지 않고 2단으로 축대를 쌓아 집터를 다졌다. 축대를 쌓아 집터를 만들고 지어져서 집이 커 보이고 위엄이 있어 보인다. 안으로 들어가면 평지를 만나면서 편안한 마음이 든다. 조선 사대부 집의 전형적인 형태인 남녀의 공간을 분명하게 구분했다. 충효당은 살펴볼 수록 매력이 넘치는 집이지만 화려함을 배제하고 단순하리 만큼 소박하다. 전형적인 사대부가의 격식은 다 갖추면서도 곳곳에 몸 낮춘 흔적이 역력하다. 편안함은 바로 여기에서 출발한다. 방이나 곳간 외에는 흙벽이 거의 없고 밖으로 통하는 문과 창호가 많으며 본채의 규모와 비교하여 안채 부엌이 크고 넓다.

사랑채와 안채로 들어가는 중문간이 연결된 것도 특이하다. 중문간 옆으로는 마구간이 이어지고 있는데 이것도 사랑채가 별도로 있는 일반적인 형태와는 또 다른 점이다. 사랑마루 뒤쪽으로는 서고와 곳간 두 칸이 바로 붙어 있고 사랑방, 중문, 마구간, 모방이 한 줄로 이어지며 안채와 연결된다. 모방은 한 모퉁이에 붙어 있는 작은 방을 말한다. 안채의 기단도 사랑채와 쌍수당의 기단처럼 다듬지 않은 막돌로 자연스럽게 쌓았고 막돌 주춧돌 위에 기둥을 그렝이질해서 올려놓았다. 안채 대청과 안방의 정면 4칸에는 둥근 기둥 3개가 있는데 배흘림을 약간 주었다. 부엌에는 사방으로 노출된 팔각기둥 한 개가 세워져 있는 것이 특이한 점이다.

충효당의 사랑채 전경. 충효당은 류성룡이 살던 집이 아니라 사후 후손과 제자들이 지은 집이다.

1   2   3

4

1 계자난간을 두른 사랑채 끝에
안채로 들어가는 일각문이 보인다. 사랑채와
안채를 나누는 내담이다.
2 우물마루, 우리판문, 우물천장이 조화롭다.
3 사랑채 계자난간. 기단과 난간에 질서가 있다.
4 사랑채 대청의 우물마루와 벽체.
여닫이 눈꼽재기창과 쌍창을 달아
용도를 달리했다.
5 큰 통나무의 육질이 그대로 전해진다.
오량가로 하나씩 쌓아 올린 가구구조가
듬직하다.

5

1 충효당이라는 편액이 문얼굴과 연등천장
중앙에 걸려 있다. 글씨체가 기발하다.
2 우물마루에 우물천장을 했다.
3 대청마루와 이어진 우물마루에 접한 통머름 위
만살 벼락닫이창이 특이하다.

1 사랑채 대청. 불발기창 위 벽면구성이 수수하다.
2 한지를 바른 도듬문과 세살 여닫이문이 수수하다.
3 조금만 시선을 바꾸면 문얼굴에 다른 풍경이 들어온다.
4 용자살 영창으로 들어오는 빛이 부드럽다.
5 안채모습. 작은 마당에는 화초를 심었다. 천장은 고미반자를 하고 수장고를 들였다.
6 사당 정문으로 세 칸의 높이가 같은 평삼문이다.

20. 영덕 인량마을 <small>경북 영덕군 창수면 인량리</small>

여덟 종택이 자리한 종가마을

북에서 등운산 줄기가 남으로 향하다가 인량산으로 솟았다. 동서로 뻗은 봉우리들이 활개를 활짝 편듯한 주변 산세와 서고동저의 지형으로 이루어졌다. 마을 앞으로 하천이 흐르고 동쪽으로 작은 평야를 품은 마을이다. 흙은 찰흙인 양질의 사질토가 대부분을 차지하고 있어 품질이 우수한 농작물이 생산된다. 현재 주민 대부분이 쌀과 보리, 밀과 콩, 사과와 복숭아 등을 재배하고 있다.

뒷산의 지형은 학이 날아갈 듯한 형국과 같다 하여 나래골 또는 익동, 비계동이라 하다가 음이 변하여 나라골, 국동國洞이라고도 했다는 이야기와 인량마을이 있는 이곳이 삼한시대에 우시국于尸國이라는 부족국가의 도읍지여서 나라골이라는 이름으로 불리다, 한문표기 식으로 국동이라 했다고도 한다. 인량리란 지명은 조선 광해군 2년, 1610부터 어질고 인자한 현인들이 많이 배출되는 마을이라 하여 인량리라 했다 한다. 어느 것이 맞든 인량리는 역사와 전통이 마을 중심을 꿰뚫고 지나갈 만큼 역량이 있는 마을이었음을 반증한다.

인량마을은 결코 가볍지 않은 묵중한 중량감을 가진 마을이다. 여덟 종택이 자리하고 있다. 종택이 한 마을에 하나 있기도 어려운 것이 현실이다. 여덟 종택이 있다는 것은 상상하기 어렵다. 옛날 부족국가 시절의 도읍이었음을 반증해 주는 결과로 말하기도 하지만, 그렇더라도 어느 마을에서도 꿈꿀 수 없는 현실이다. 그만큼 전통과 문화를 가진 마을이다. 또한, 풍수지리적으로 인량리는 마을의 터가 명당으로 알려졌으며, 현재 여러 종가의 종택이 보전되어 내려오고 있다. 전통과 예절을 중요하게 여기는 마을이다.

인량마을에는 1400년대부터 1700년대 사이에 지어진 ㅁ자형, 一자형 전통가옥이 20여 채나 있다. 기품 있고 고고한 모습으로 자리한 집이다. 경상도 북부 지방에서는 드문 ㄷ자형 가옥도 있다.

인량마을의 고가 및 종택들은 지금도 각 종가의 후손들이 사용할 정도로 보전상태가 매우 양호하다. 갈암종택, 우계종택을 비롯해 충효당 등의 고가가 남아 있다. 종택의 건축적 의미만이 아니라 종택마다 고유한 종가음식 및 제례풍습을 보유하고 있어 마을의 주요 자원이 되고 있다. 종가만이 가진 역사적인 이야기를 담은 음식을 발굴해 내는 것은 뜻깊은 일이다. 가장 한국적인 것을 찾는 것은 오랜 전통을 가진 종가에 있다. 요리나 음식도 처음 시작하게 된 역사와 이야기가 있어야 문화로 완성된다. 인량마을의 전통을 연구하면 한국적인 맛과 향기를 얻을 수 있을 것이다. 인량마을은 한국의 종가마을이라고 해도 이의를 제기할 수 없는 특별한 내력의 마을이며 자랑이다. 인량마을의 주제는 역사와 문화가 출발한 종가마을로 내세우는 것도 한 방법이다.

종택이 가진 위상과 상징성은 대단했다. 맏아들이 출세의 길을 자제하고 고향을 지키며 혈족의 정통성을 이어온 종가문화는 뿌리가 깊다. 족보가 우리나라처럼 잘 보존되고 관리되는 나라는 없다고 한다. 그만큼 혈족의 정통성을 고집하는 성향은 우리 민족이 어떠한 기질에서 출발했는지도 궁금하다. 종가문화의 계승문제를 떠나서 종가가 가진 비밀스런 매력과 한국적인 문화의 발원지로서의 중요성을 인식해야 할 때다.

인량마을은 풍수지리적으로 마을의 터가 명당으로 알려졌다는 말에 고개가 절로 끄덕여진다. 마을 입구와 가까운 쪽에는 경북 문화재자료 제380호로 지정된 정담 정려비와 경상북도 지정기념물 제84호로 지정된 갈암종택이 있다. 갈암종택은 조선 숙종 때 문신이자, 퇴계 이황의 학통을 계승한 영남학파의 거두인 성리학자 갈암 이현일의 종택이다. 경북 북부지역의 전통적인 ㅁ자형 구조이다. 후에 갈암의 8대손 이수악과 9대손 이화발 등이 항일운동의 거점으

왼쪽 위_ 뒷산의 지형이 학이 날아갈 듯한 형국과 같다 하여 나래골 또는 익동, 비계동이라 하다가 음이 변하여 나라골, 국동國洞이라고도 했다.
왼쪽 아래_ 어진 현인들이 많이 배출되는 마을이라 인량마을이라고 한다. 고만고만한 지붕의 높이가 정답게 끌어안은 듯 모여 있는 모습에서 너그러움을 본다.
오른쪽_ 충효당 전경. 지붕선과 담의 긴 일직선이 시원하다.

영덕 인량마을 🏠 253

로 삼았던 역사성 있는 종택이기도 하다.

　산 아래 위치한 충효당은 재령 이씨 입향조인 이애가 조선 성종 때 건립한 가옥이다. 일각대문을 바라보고 충효당이란 편액이 있다. 후학의 교육장으로 사용된 곳이다. 건물의 양상이나 구조가 조선시대 사대부가로서의 전형적인 모습을 지니고 있다. 중요민속자료 제168호로 지정된 충효당의 왼쪽에는 사랑채, 오른쪽에는 안채를 앉히고 사랑채의 후방 경

사진 곳에 사당을 배치한 건축구조를 보이고 있다. 또한, 사당 주위에는 500년 된 은행나무가 있어 운치를 더한다. 세월이 그대로 쌓이기만 한다는 것을 느끼게 하는 것이 고목이다. 마을의 역사와 애환을 함께한 은행나무는 침묵으로 한 삶을 살지만 그 침묵이 사람의 말보다도 깊다. 한 자리에서 500년을 살아온 은행나무는 천국의 마음과 지상의 욕망을 온몸으로 받고 서 있으면서도 오늘도 묵언이다.

1 풍수지리적으로 마을의 터가 명당으로 알려졌다. 긴 사래밭은 비어 있고 가을이 깊어가고 있다.
2 충효당. 인량마을은 종택마다 고유한 종가음식 및 제례풍습을 보유하고 있어 마을의 주요 자원이 되고 있다.
3 자연지형을 그대로 이용해 집을 지어 저절로 지붕이 낮아진다.
4 합각에 구멍을 뚫어 환기구를 내었다. 합각의 처리는 거칠지만 사람이 웃는 듯한 해학적인 모습이다.
5 강파헌 정침. 맞배지붕에 눈썹지붕을 달아 팔작지붕과 같이 합각이 만들어졌다.

20-1. 갈암종택

경북 영덕군 창수면 인량리 412-1

273회나 상소를 올린 갈암 이현일의 종택

병풍처럼 두른 뒷산 아래 넓게 놓인 마을의 모습이 예사롭지 않다. 풍수지리적으로 마을의 터가 명당으로 알려졌다. 마을 입구와 가까운 쪽에는 경북 문화재자료 제380호로 지정된 정담 정려비와 경상북도 지정기념물 제84호로 지정된 갈암종택이 있다. 갈암종택은 조선 숙종 때 문신이자, 퇴계 이황의 학통을 계승한 영남학파의 거두인 성리학자 갈암 이현일의 종택이다. 이현일은 영남의 대표적인 산림으로 꼽힌다. 산림이란 초야에 묻혀 학문에 정진하고 후학을 기르는 일에 열중하는 선비를 말한다.

이현일은 1646년, 인조 24년과 1648년에 걸쳐 두 차례 초시에 합격하였으나 벼슬에 뜻이 없어 향리에서 나가지 않았다. 이현일은 40세가 되던 1666년, 현종 7년에 경상도 지방의 사림을 대표하여 송시열·허목·윤선도 등의 예설禮說을 비판하는 「복제소服制疏」를 작성하면서 정치적 의견을 개진하기 시작하였다.

1674년 학행으로 영릉참봉에 천거되었으나 나아가지 않았다. 이듬해 장악원주부·공조조랑·사헌부지평 등에 임명되었으나 역시 나아가지 않았다. 이현일은 51세가 되던 1677년, 숙종 3년에 선무랑 장악원주부로 임명되어 대궐에 처음으로 나갔다. 곧 공조좌랑으로 전직됨으로써 비로소 중앙정계에 나아갔다. 이후 1680년 경신환국 때까지 공조정랑·지평 등을 역임했다. 성격이 곧고 당찬 면이 있었다. 무려 273회나 상소를 올리기도 했다. 대단한 열정과 국가에 대한 신념이 강한 사람임을 알 수 있다. 이현일은 숙종 즉위년에 유일遺逸로 천거되어 여러 관직을 거쳐 이조판서에 올랐다. 유일천거제는 재야의 숨어 있는 인재를 발굴해서 벼슬을 내리는 제도로 덕망 있고 학습이 깊은 사람들을 기용했다. 이현일은 '백의白衣 이조판서'라는 별칭을 얻기도 했다.

갈암종택은 경북 북부지역의 전통적인 ㅁ자형 구조이다. 후에 이현일의 8대손 이수악과 9대손 이화발 등이 항일운동의 거점으로 삼았던 역사성 있는 종택이다. 1910년 이현일의 10대손이 청송군 진보면 광덕리에 건립하였으나 임하댐 건설로 말미암아 창수면 인량리로 옮기고 나서 다시 지금의 자리로 옮겼다. 일제 강점기에 영남 북부지역의 총의병대장을 지낸 이수악이 항일구국운동의 거점으로 활용한 역사적인 곳이다.

이현일은 영덕군 창수면 인량리에서 출생·거주하였으며, 퇴계 학통을 신봉한 주리론 학자로서 영남학파를 대표하는 성리학자이다. 만년에 금양정사를 세워 후학을 가르쳤다. 후진양성에 얼마나 심혈을 기울였는지는 기록된 후진의 숫자만 봐도 알 수 있다. 『금양문인록』에 등재된 문인만도 369인이나 된다. 이현일이 얼마나 영향력 있는 인물이었나를 알 수 있는 것은 신도비, 이현일이 한때 강의했던 서양정뿐만이 아니라 이현일이 태어났을 때의 태를 둔 태실 자운정까지 있는 걸 보면 알 수 있다. 한 사람의 흔적이 한 마을을 살리고 한 나라의 운명을 좌우할 수 있음을 보게 된다.

마당이 넓으면 세상도 넓게 품고 사는 것만 같다. 하늘도 그만큼 크게 들어선다.

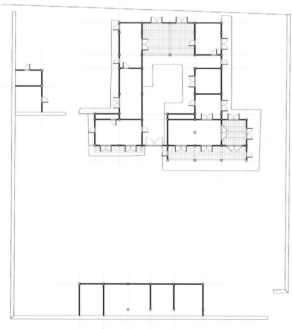

위_ 팔작지붕의 종택과 사당의 사주문 사이로 울타리 안쪽에서 공간을 분할하는 내담이 보인다.
아래_ 안채로 이어지는 중문이다.

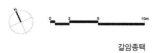

갈암종택

1 갈암종택은 이현일의 8대손 이수악과 9대손 이화발 등이
항일운동의 거점으로 삼았던 역사성 있는 종택이다.
2 쪽마루. 방과 마당의 중간 지대에서 잠시 생각을 하거나 여유를 갖기에
좋은 자리이다.
3 273회나 상소를 올린 갈암 이현일의 종택답게 솟을대문에서부터
선비다운 기질의 일면이 보인다.
4 툇마루. 나무는 퇴색되었지만, 선비다운 품새는 여전하다.
정돈되고 흐트러짐 없는 선비의 정신이 남아 있다.
5 머름이 있는 세살 쌍창이다. 곡선을 찾아볼 수 없는 직선이 지배하고 있다.
주인의 성격을 보는 듯하다.
6 길게 뻗은 홑처마 밑에 선반이 매여 있다.
7 처마선이 복잡하게 얽혀 있어도
와편굴뚝은 의연한 모습으로 서 있다.

20-2, 충효당 경북 영덕군 창수면 인량리 465

정자이면서 사랑채인 충효당

조선 성종 때에 처음 세운 집으로 재령 이씨의 입향조인 이애가 짓고 이황 선생의 성리학을 계승·발전시킨 이현일이 태어난 곳이다. 지금 있는 건물은 뒤쪽으로 옮긴 것이라고 하며 충효당은 임진왜란을 전후한 시기의 건물이다. 충효당은 정자이면서 사랑채로 살림채 왼쪽에 별도로 높직한 기단 위에 자리 잡고 있고 지금도 후학의 교육장으로 이용되고 있다.

안채, 사랑채, 마구간, 사당, 정자 등이 넓은 대지 위에 남향으로 자리를 잡았고, 후원에도 상당히 넓은 대밭이 있는 대규모 집이다. 규모가 큰 주택으로 담장 길이만도 100m가 넘는다. 안채는 정남향의 튼 ㅁ자형 건물로 홑처마 집이다. 정면을 한 건물은 석축 위에 한 단 높이 지었고 나머지 건물은 같은 높이이다. 옛날식의 간략한 가구수법을 보여준다.

사랑채는 '충효당'이라는 현판이 있는 건물이다. 규모는 정면 4칸, 측면 2칸의 ㄱ자형 팔작지붕이다. 동쪽의 2칸 반이 온돌이고 나머지는 우물마루로 꾸몄다. '충효당기忠孝堂記'에 의하면, 동쪽 방에는 별도로 작은 누각이 2칸 있었다. 온돌방에서 마루로 통하는 벽 전체를 분합문으로 꾸몄다. 사당은 정면 3칸의 맞배지붕이다. 조선 중기에 건축한 양반가 종택 건물의 전형으로, 경사진 언덕에 앞으로만 석축을 쌓아 지대를 만드는 등 건물 배치에 주위 자연경관과의 조화를 꾀하였다.

안채와 사랑채가 어울려서 튼 ㅁ자형을 이루고 있다. ㄱ자형의 안채와 ㄴ자형의 사랑채가 마주 놓여 있는데 사랑채가 동서로 길게 뻗어 있다. 앞쪽 들판을 내려다볼 수 있는 자리 왼쪽에 사랑채, 오른쪽에 안채가 있고 안채 뒤쪽에 사당이 있다. 사당은 담장으로 구분하고 있다.

충효당의 북쪽은 백두대간이 둘러섰고 남쪽은 트인 들판의 한가운데로 송천이 흐른다. 서에서 동으로 흘러가는 길지에 마을이 동서로 길게 확산해 있다. 산록을 파고드는 골의 형상이 나래형국이라 하여 나래골이라 부른다. 본 가옥은 골의 동쪽 끝자리를 차지하여 앞쪽 들판을 멀리 내려다

볼 수 있는 위치에 자리하고 있다. 왼쪽에 사랑채, 오른쪽에 안채를 앉히고 안채의 후방 경사진 대나무 숲 속에 사당 일곽을 배치하였다.

반듯한 안뜰 정면에는 3칸 대청이 놓이고 좌측에 샛방, 우측에 도장방과 안방이 접하였다. 내정의 좌측 사랑방 부분은 샛방에서 1칸 왼편으로 벗어나 있다. 이는 내정을 넓히기 위하여 확장된 것으로 처음 지을 때 평면에서 벗어난 것으로 생각이 든다. 안채 부분의 목재에서도 오래된 자재가 많이 보이고 있다. 이 부분도 옮길 당시 변형이 있었을 것으로 추측된다. 안채의 구조는 높은 축대를 쌓고 자연석 초석 위에 사각기둥를 세웠으나 대청 앞 기둥만은 원기둥을 사용했다. 대청 상부는 삼량가에 판대공을 세운 간략한 가구로 마무리했다.

높은 자연석 축대 위에 서 있는 충효당의 구조는 자연석 초석 위에 사각기둥을 세웠다. 대청 상부가구는 오량가로 파련대공의 윗몸에 첨차를 끼워 종도리를 받았으며 합각 하부만 우물반자로 처리하였다.

충효당은 안채와 사랑채, 사당이 갖춰진 일반적인 조선시대 양반가의 모습을 하고 있다. 안채는 현 위치로 옮긴 시기가 조선 중기로 짐작되는 오래된 건축물로 조선시대 주택연구의 중요한 본보기가 되고 있다.

왼쪽 위_ 충효당 전경. 충효당 앞으로 시원하게 길을 열었다.
왼쪽 아래_ 충효당은 정면 4칸, 측면 2칸의 ㄱ자형 팔작지붕이다.
오른쪽_ 충효당은 정자이면서 사랑채로 살림채 왼쪽에 별도로 자리 잡고 있다. 지금도 교육하는 공간으로 사용하고 있다.

영덕 인량마을 259

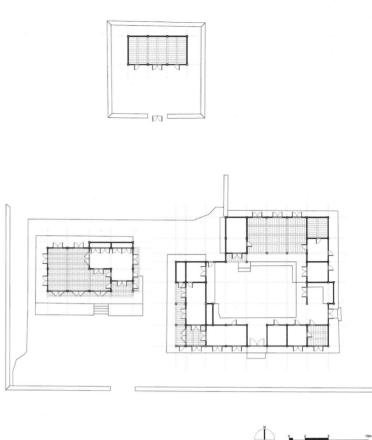

충효당

위_ 높직한 기단 위에 충효당 편액이 걸려 있다. 세살청판분합문과 어울린다.
아래_ 튼 ㅁ자형 건물로 홑처마 집이다.

위_ 큰 나무는 집 밖에 심었다. 집에 큰 그늘이 드리우는 것을 삼갔다.
아래_ 문 상방이 달무리 진 모습을 해서 다정하게 보인다. 벽과 인방의 변화가 이채롭다.

1 삼량가로 판재를 여러 겹 겹쳐서 만든 판대공을 설치하였다.
대청마루 위 도리와 보, 서까래 구조가 장식용 작품 같다.
모두가 나무로 된 한옥은 숨을 쉬는 집이다.
2 쌍창 중에서 고식으로 가운데 문설주가 있는 영쌍창이다.
통머름 위에 널판문이 묵직하다.
3 널판문을 여니 바깥 풍경이 달려든다.

1

2

3

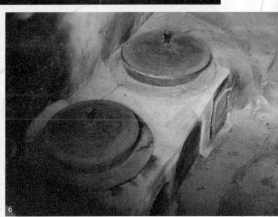

1 기와 조각으로 쌓은 와편담장으로 건물과 건물 사이를 막아 사람들의 동선과 시선을 가려 주는 역할을 하는 샛담이다. 샛담의 모습에 친근감이 든다.
2 부엌이나 광 등에 다는 문으로 문짝을 하나의 통판으로 만든 통판문이다.
3 대문 위에 설치한 세로살 붙박이창이다.
4 기와지붕과 길. 층을 이루게 집을 지어 저절로 위계가 이루어진다. 높은 안쪽에 중심건물이 들어선다.
5 문 상부의 곡선이 전체를 아우르는 힘이 있다. 곡선 하나가 집 분위기를 좌우하기도 한다.
6 부엌의 부뚜막 모습. 솥과 아궁이 그리고 그을음이 사람 살던 흔적을 보여 준다.

21. 영양 주실마을 경북 영양군 일월면 주곡리

주실마을에서 지켜지는 삼불차三不借란 세 가지를 빌리지 않는다는 뜻이다

주실마을은 민족의 시인 조지훈의 생가가 있는 동네다. 주실마을은 일찍 신문명을 받아들여서 개화한 고장이다. 조지훈 시인의 선조는 유교적인 전통 속에서 버려야 할 인습을 과감히 버리고 전통을 잘 이어간 분이다. 박정희 정권 때의 가정의례 준칙이 바로 이 주실마을에서 유래하였다. 새로운 문물을 앞서서 받아들인 전통마을이다. 주실마을에서는 양력설을 쇤다. 일본을 따라 한다고 민족주의자들에게 손가락질을 받기도 했지만, 객지에 나간 자식들이 다 모일 수 있는 양력설이 좋다고 주실마을 선조는 굽히지 않았다. 명분보다 실리를 택했다.

조지훈이 태어난 주실마을은 전통마을이면서도 실학자들과의 교류와 개화 개혁으로 이어진 진취적인 문화를 간직한 매우 유서 깊은 마을이다. 일찍 개화한 마을답게 마을 가장 중심에는 교회가 있다. 영양에서 교회가 가장 일찍 들어섰고, 80년 전 양력설을 우리나라에서 최초로 도입한 곳이다. 일본 중앙대를 나온 조지훈의 아버지 조헌영이 양력설을 추진했다 한다. 이유는 일본으로 유학을 간 자녀가 많아 설 제사 지낼 사람이 많이 없었기 때문이란다. 자제들을 유학 보내고 자발적으로 단발령을 따랐을 만큼 개혁성이 강했다. 교육열도 강했다. 주실 조씨 집안은 검남劍南으로 불리었다. 칼 같은 남인 집안이라는 뜻이다. 조선 후기는 노론의 시대였으므로 남인은 정권의 중심으로부터 철저하게 소외될 수밖에 없었다. 그러나 변절하지 않는 꼿꼿한 정신만은 변함없이 대를 이었다. 증조부인 조승기는 의병활동을 하다 경술국치 소식을 듣고 곡기를 끊어 죽었으며, 천석꾼 할아버지인 조인석은 한국전쟁 때 들이닥친 공산당과 타협하지 않고 자결했다. 조지훈의 '지조론'은 당연한 귀결이었으리라.

그리고 주실 마을에는 우물이 하나밖에 없다. 주실 마을이 배 모양을 하고 있어 우물을 파게 되면 배에 구멍이 생겨서 물이 들어온다는 풍수설에 입각한 결과다. 우물을 파지 않고 멀리 낙동강 물을 끌어다 먹었다. 조지훈의 생가인 호은종택에서 바라보면 정면에 문필봉이 보이고 옆에는

연적봉까지 있으니 천하의 명당자리라고 한다. 기묘사화로 화를 입은 개혁파 조광조의 후손들이 흩어지면서 정착한 곳 중의 하나가 영양 주실마을이다. 문필봉이 있는 곳에는 반드시 학자가 나온다고 풍수 지리학에서는 말하는데, 49가구 중에서 37가구에서 박사를 배출했다고 한다. 조지훈의 생가가 있는 주실마을은 실제로 학자와 문필가가 많이 배출되었다. 이곳 사람들은 일월산 문필봉의 영향 때문이라고 믿고 있다.

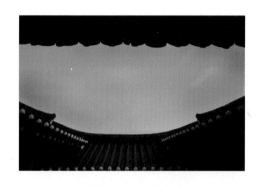

주실 마을에는 예부터 삼불차를 지켰다 한다. 삼불차三不借란 세 가지를 빌리지 않는다는 말이다. 집안의 삼불차 원칙의 가훈이 정신적 토대였음을 알 수 있다. 인불차人不借, 재불차財不借, 문불차文不借가 그것이다. 사람을 빌리지 않고, 재물을 빌리지 않고, 글을 빌리지 않는다는 뜻이다. 남에게 인물을 빌리지 않고, 재물을 빌리지 않고, 그리고 남에게 문장을 빌리지 않았다고 한다. 주실마을 선조의 삶은 지조 높은 것을 과거의 전통이나 관습에서 찾기보다 독자적인 자존의 길을 걸었다. 꼬장꼬장한 선비정신이 바로 민족시인 조지훈을 길러 낸 밑거름이 아닐까 싶다.

영양은 경상북도에서도 오지다. 첩첩 산골 산비탈을 돌고 도는 동안, 물안개 자욱한 너머로 늦가을의 풍경이 펼쳐진다. 물감을 찍어 놓은 듯하다. 형형한 색들은 조금씩 탈색되어 가고 있다. 필봉을 바라보는 중심부의 앞에 호은종택이 자리한다. '호은'은 조씨의 입향조로 1639년에 이 동네에 뿌리를 내렸다. 이 집이 조지훈 시인이 태어난 곳이다. 조지훈의 부모는 서울에 살았는데 출산이 가까워져 오

왼쪽 위_ 주실마을의 야경. 일찍 개화한 마을답게 마을중심에는 교회가 있다. 영양에서 교회가 가장 일찍 들어섰고, 80년 전 양력설을 우리나라에서 최초로 도입한 곳이다.
왼쪽 아래_ 옥천종택. 경북지역에서 ㅁ자형 뜰집의 전형적인 가옥이다.
오른쪽_ 기와지붕은 한옥의 가장 큰 특징 중 하나다. 처마선과 지붕선이 만들어 내는 허공은 미적 충족을 한껏 발휘하게 한다. 하늘이 지붕에 담겼다.

자 집안에서 불러내려 이 집에서 애를 낳게 했다. 이 집은 ㅁ자형 집인데, 건물 중앙에 있는 방에서 아이를 낳았다. 민족시인 조지훈이 태어난 것이다.

마을 입구는 숲으로 둘러싸여 있다. 사투리로 장승을 뜻하는 '수구막이'라고도 하는 마을 숲은 수백 년 된 아름드리나무들이 서 있다. 가장 아름다운 길로 선정되었다. 선정 이유는 나무와 인간의 공존 사례를 높이 평가했기 때문이다. '생명의 숲' 관계자가 말한 바로는 "주민들이 나서서 숲을 가꾼 것이 주요했다. 수백 년 정성껏 잘 가꿔진 숲이라 울창했고 다양한 나무들이 어우러져 있었다."라며 선정 이유를 밝혔다. 국도에 오래된 아름드리나무들이 서 있는 곳은 드물지만, 아름다운 길은 제법 있다. 주실마을의 나무들은 다르다. 마을 사람들이 직접 심은 나무들이다. 100년 전 주실마을에선 마을 입구에 나무를 심었다. 이후에도 밭을 사들여 나무를 심었다. 풍수지리에 입각한 호리병형 지형을 만들기 위해서다. 덕분에 당산나무로 불리는 아름드리 느티나무를 비롯해 느릅나무까지 마을을 감싸고 있다. 꾸준하게 나무를 심었고 종중에선 나무들을 마을의 한 부분으로 받아들였다. 나무는 마을을 지키는 역할을 하고, 사람은 숲을 지키면서 더불어 공존하는 화합의 장이 되었다.

호은종택 전경. 둥근 산이 지붕 위에 떴다. 다 품어줄 넉넉한 산이다. ㅁ자형의 집으로 정침은 정면 7칸, 측면 7칸이며 정면의 사랑채는 정자 형식으로 되어 있다.

21-1. 호은종택 경북 영양군 일월면 주곡리 201

조지훈 시인의 생가인 호은종택

"선비와 교양인과 지도자에게 지조가 없다면 그가 인격적으로 창녀와 가릴 바가 무엇이 있겠는가."라고 외쳤던 청록파 시인의 한 사람이며, 대표적인 한국 현대 시인이고 국문학자였던 조지훈이 태어나고 자란 곳이다. 그의 본관은 한양이고 본명은 동탁東卓이며 지훈은 호다. '삼불차三不借' 원칙을 370년간 지켜온 조지훈의 생가 호은종택. 조지훈도 삼불차 집안의 훈도를 받으면서 자라나 '지조론'을 말할 수 있었다. 조지훈은 1939년 문장지에 「고풍의상」이 추천되면서 문단에 나와 『청록집』, 『풀잎단장』, 『조지훈 시선』 등을 남겼다. 그는 시인이자 국문학자로서 유명한 것은 물론 지조 있고 풍류 있는 인물로 널리 알려졌다. 조지훈은 종가에서 태어났다. 이 마을에 처음으로 들어온 호은壺隱은 주실 조씨들의 시조이자, 인조 7년 1629년에 주실에 처음 들어와 이 동네를 일구었다. 그때에 지어진 집이 호은종택이지만 한국전쟁 때 부분 소실되어 1963년 중건되었다. 호은종택은 소실되고 중건되는 역사를 가진 집이지만 380년의 역사를 지닌 집이다. 4세기 가까운 세월 동안 집안을 유지했다는 사실은 주목할 만하다.

호은종택은 주곡마을에 처음 들어온 입향조 조전의 둘째 아들 조정형이 조선 인조 때 지은 집이다. 경상도 북부지방의 전형적인 양반가의 모습을 하는 ㅁ자형 집으로 정침과 대문채로 나누어진다. 정침은 정면 7칸, 측면 7칸이며 정면의 사랑채는 정자 형식으로 되어 있고 서쪽에는 선생의 태실이 있다. 대문채는 정면 5칸 측면 1칸으로 되어 있고 솟을대문이 있다.

조선시대의 일반적인 사대부 집의 주거형태는 서울·경기지방이 ㄴ+ㄱ자형, 충청도 지방이 ㄷ+1자형, 남부지방은 튼 ㅁ자형으로 이루어져 있다. 이에 비해 유독 경북의 집들은 ㅁ자형의 형태를 갖추고 있는데 이러한 양식을 뜰집이라고 한다. 폐쇄적인 형태의 집이다. 선비의 고집이 느껴지는 집이기도 하다.

조지훈은 주로 고전적 풍물을 소재로 우아하고 섬세한 민족 정서를 노래했다. 전통적인 운율과 선禪의 미학을 현대적인 방법으로 결합한 것이 조지훈의 시의 특색이라고 할 수 있다. 조지훈은 한국 현대시의 주류를 완성함으로써 20세기 전반기와 후반기의 한국문학사에 연속성을 부여해준 큰 시인으로 평가받는다. 조지훈의 시에서 한국미의 아름다움이 그대로 드러난다. 부연, 풍경, 주렴, 대청 같은 한옥에 쓰이는 용어들이 나온다. 곱고 곱다.

하늘로 날을 듯이 길게 뽑은 부연附椽 끝 풍경이 운다
처마 끝 곱게 늘이운 주렴에 반월半月이 숨어
아른아른 봄 밤이 두견이 소리처럼 깊어 가는 밤
곱아라 고와라 진정 아름다운지고
파르란 구슬빛 바탕에
회장저고리 하얀 동정이 환하니 밝도소이다.
살살이 퍼져나린 고은 선이
스스로 돌아 곡선을 이루는 곳
열두 폭 기인 치마가 사르르 물결을 친다.
치마 끝에 곱게 감춘 운혜雲鞋, 당혜唐鞋
발자취 소리도 없이 대청을 건너 살며시 문을 열고
그대는 어느 나라의 고전古典을 말하는 한 마리 호접胡蝶
호접인 양 사풋이 춤을 추라 아미蛾眉를 숙이고…
나는 이 밤에 옛날에 살아
눈 감고 거문고 줄 골라 보리니
가는 버들인 양 가락에 맞추어
흰 손을 흔들어지이다.

조지훈의 「고풍의상」 전문

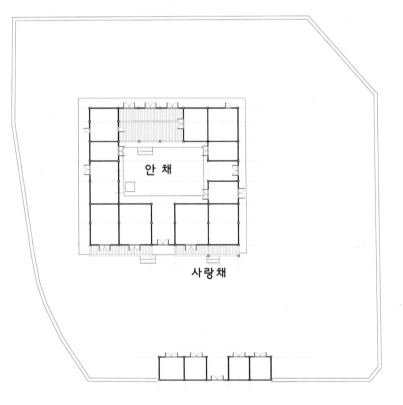

안 채

사랑채

위_ 자연석기단, 쪽마루, 인방과 쌍창, 봉창이 어울려
균형미가 있는 아름다움이다.
아래_ 미서기창에 유리가 사용되어 근대한옥임을 알 수 있다.

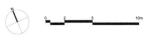

호은종택

1 부연이 있는 겹처마 맞배지붕의 사당이다.
2 자연석계단과 디딤돌.
3 툇마루. 평주는 원기둥을 고주는 사각기둥으로 했다.
4 좌·우 대칭을 이룬 벽면에 평대문의 상부는 곡선을 들였다.

21-2. 옥천종택

玉川宗宅 | 경북 영양군 일월면 주곡리 189

경북지역을 중심으로 분포되어 있는 ㅁ자형 뜰집의 전형적인 구성

한국에서 전통문화를 대표하는 주요 요소 중에 주거문화는 다른 어떤 분야보다도 관심을 두는 분야이다. 조선시대의 문화는 유교로 대표되는 문화다. 그 유교의 바탕을 이루는 계층은 양반이었으며, 조선의 문화는 양반문화이고 그들의 주거문화를 반가라고 한다. 경상북도민속자료 제42호로 지정된 옥천종택은 경북지방의 일반적인 양식을 따랐다. 조덕린은 조선 숙종 17년, 1671년에 문과에 급제하고 교리와 동부승지 등을 역임하였다. 옥천종택은 영조 때의 문신 옥천 조덕린이 1694년, 숙종 20년에 지은 집으로 1853년 화재로 소실된 것을 1856년 재건하였다. 조덕린은 호은 조전의 증손자이다. 조덕린은 문과에 급제하여 승문원과 시강원을 거쳐 홍문관 교리, 승정원 우부승지를 역임하였다. 옥천종택은 1986년과 1987년에 영양군청에서 보수하였다.

옥천종택의 구조는 살림채인 정침과 글을 읽는 별당인 초당과 가묘인 사당으로 구성되어 있다. 17세기 말 양반주택의 대표적인 예이다. 정면 5칸, 측면 6칸 규모의 맞배지붕으로 안동지방을 중심으로 대거 분포되어 있는 ㅁ자형 집의 전형적인 평면구성을 보인다. 살림채는 경북지역을 중심으로 분포된 ㅁ자형 뜰집의 전형적인 구성을 보이는데

다만 안방이 동쪽에 오고 사랑방이 서쪽으로 배치된 점만이 다르다. 이 형식은 18세기부터 안방과 부엌이 서쪽으로 배치되는 평면구성으로 통일된다. 초당은 학동들에게 글을 가르치거나 노인이 한거閑居하는 곳으로 전형적인 서당의 평면구성을 보이고 있으며 사당은 일반적인 형식의 18세기 말 건물이다.

ㅁ자형 뜰집의 민가 형식을 잘 갖춘 옥천종택은 경북 북부지방의 폐쇄적인 가옥형태다. 반가는 전국에 산재하여 있지만 유독 경북에 집중되어 있다. 그중 양동마을과 하회마을을 꼽는데 이 두 마을의 반가를 대표하는 유형이 ㅁ자형의 집이다. 우리나라의 일반적인 공간구성의 기본을 이루는 안마당을 중심으로 네 방향이 모두 연결된 집으로 둘러싸인 형태이다. 경북지방의 반가는 완전히 안마당을 채로 둘러싼 ㅁ자형의 집으로 경북에 집중적으로 분포하는데 안동, 군위, 영양, 청송, 삼척, 영덕지역에서는 이러한 집들을 '뜰집'이라고 부른다.

지붕은 두꺼운 널을 팔八자 모양으로 붙인 박공으로 처리하는 등 상당히 오래된 건축기법을 사용하여 지어졌다. 박공은 측면으로 빠져나온 도리와 도리에 걸린 서까래에 못을 박아 고정한다.

왼쪽 위_ 우진각지붕의 광이다. 면을 직선으로 분할하고 있고 중심으로 모여든 가운데 널판문을 달았다.
왼쪽 아래 1_ 옹기굴뚝을 건물 밖으로 길게 빼서 세웠다.
왼쪽 아래 2_ 옹기를 여러 개 이어서 연통역할을 하게 한 옹기굴뚝이다.
오른쪽 1_ 합각벽의 문양이 승리를 기원하는 듯하다.
오른쪽 2_ 지형의 경사를 그대로 두고 기둥의 길이를 조절해 집을 지었다.

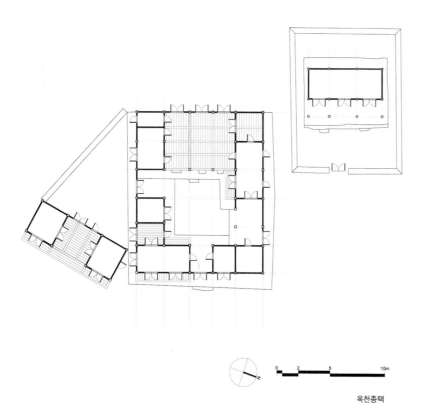

위_ 살림채는 경북지역을 중심으로 분포된 ㅁ자형 뜰집의
전형적인 구성을 보인다.
아래_ 초당은 학동들에게 글을 가르치거나
노인이 한거閑居하는 곳이다. 초가을 얹고도 이처럼 당당할 수 있다면
예사로운 집이 아니다.

옥천종택

1 천장 서까래의 일부는
새로 교체하고 나머지는 오래된
그대로 퇴색되었다.
우물마루 대청의 통머름 위에
우리판문으로 세 짝의 문을
내었다.
2 무고주 오량가로
대들보를 구성한 목재가
생긴대로 집으로
들어왔다. 집주인과 목수의
결탁이다.
3 전형적인 좌우 대칭을
이룬 평대문이다.
흐트러짐 없이 일치시켰다.
4 판벽에 널판문으로
광을 만들고 옆에는 세살로
독창을 내었다.

22. 영주 무섬마을 경북 영주시 문수면 수도리水島里

가장 아름다운 다리, 무섬마을 외나무 다리

행정명인 수도리水島里는 경상북도 영주시 문수면에 있는 리이다. 우리말로 '물섬'에서 받침이 탈락하여 무섬이되었다. 무섬마을은 물 위의 섬에 있는 마을이란 뜻이다. 무섬은 하회마을과 같이 연꽃이 '물에 떠 있는 듯한 형상'을 이루고 있어 '연화복수', 혹은 '매화 가지에 꽃이 피는 형상'으로 '매화낙지'라고도 불린다. 하회마을과 같이 알려지지 않아 조용하고 실생활이 더욱 활발하게 유지되고 있는 마을이다. 1666년 반남 박씨 입향조인 박수가 들어와 살기 시작하면서 반남 박씨들의 집성촌이 되었으며, 그의 증손녀 사위인 선성 김씨 김대가 영조 때 다시 무섬에 들어왔다. 이 무렵부터 반남 박씨와 선성 김씨가 함께 살게 되어 오늘날까지 두 집안의 집성촌으로 남아 있다. 선성 김씨는 예안 김씨라고도 하는데 예안의 옛 이름이 선성이기 때문이라고 한다.

무섬이라는 이름도 물 위에 떠 있는 섬을 뜻하는 순수 한국어로 조선시대 형성된 반촌들이 종종 순수 한국어를 그 이름으로 택하는 경우가 있다. 지명의 음만으로도 뜻을 다 알 수 있어 한결 이해가 빠르며 순 우리말로 이루어져 마음으로 다가온다. 이 나라에 사는 사람들이 자연스럽게 만들어 낸 말은 사람을 닮고 마을을 닮아 스스럼없이 체화되는 걸 알 수 있다. 무섬이란 말에서는 찰랑찰랑 물결이 이는 듯하다. 영주에서 흘러들어 온 영주천과 예천 쪽의 내성천이 마을을 휘감아 나가고 있다. 물길 주변에는 새하얀 백사장이 형성되어 있어 천혜의 절경이다. 깨끗한 하얀 모래가 산과 하늘과 마을과 만나서 절묘한 기쁨 하나 만들어 준다. 이곳에 다리가 놓인 것은 불과 20여 년 전의 일로 그전까지는 지리적으로 상당히 고립되어 있었다. 고립이 참 아름답던 시절이 있었다. 왕신지나 예천읍에 갈려면 외나무다리를 건너야 했다. 무섬마을에

서 왕신지나 예천읍 외지로 통하는 다리였다. 나무로 기둥을 하천에 박고 그 위에 나무를 반으로 쪼개어 얹은 그 나무다리가 유일한 외지로 통하는 길이었다. 지금도 만들어 놓았지만 차가 다닐 수 있는 다리가 생겨 외나무다리의 역할은 쉬러 온 사람들의 유흥을 위해 몸을 내 줄 뿐이다. 교통이 불편한 외지임에도 무섬은 조선 후기에 이르러 경상도 동해안의 해산물들을 비롯한 여러 지역의 특산품들이 모여들 정도로 번성했다. 풍수지리학에서 산과 물이 좋은 곳에서는 인재가 이어서 나온다고 한다. 이곳은 작은 마을이면서 고립된 마을이었음에도 인재가 나왔다. 그것이 풍수의 원리다.

일반에 그리 알려지지 않아 옛 선비고을의 맛을 흠씬 맛볼 수 있는 것도 무섬마을이 가진 특징이다. 물이 마을을 돌며 흐르고, 산이 마을 외곽으로 감싸주는 마을, 바람도 흐르다 잠시 머물렀다 가는 무섬마을은 사람이 살기에 좋은 곳이다. 육지 속에 한정된 섬마을이지만 문화재가 많다. 김규진 가옥, 김위진 가옥, 해우당 고택, 만죽재 고택 등 9점이 경상북도 문화재자료와 민속자료로 지정되어 있다.

왼쪽_ 무섬마을은 물 위에 떠 있는 섬을 뜻하는 '수도리水島里'의 우리말 이름이다. 물섬에서 ㄹ탈락이 되어 '무섬'이 되었다. 태백산과 소백산의 끝자락이며 9개의 골짜기가 모이는 곳에 무섬마을이 있다.
아래_ 외나무다리. 물은 물섬 수도리 마을을 350도 각도로 돌며 흐르고 외나무다리는 S자로 휘어져 마을을 이어준다. 통나무로 기둥을 세우고 반통나무로 상판을 만들었다.

가옥 가운데 38동이 전통가옥이고, 16동은 100년이 넘은 조선시대 후기의 전형적인 사대부 가옥이다. 마을의 대부분 가옥은 ㅁ자형이며, 까치구멍집이라 불리는 태백산을 중심으로 경상도 북부지역에 분포하는 산간벽촌의 주택 형태다. 까치구멍집이라 함은, 부엌 연기가 자연스럽게 빠져나갈 수 있도록 지붕마루 양쪽의 하부에 만든 까치구멍 때문에 붙여진 이름이다.

태백산과 소백산의 끝자락이며 9개의 골짜기가 모이는 곳에 무섬마을이 있다. 집들이 남향이 아니라 남서향인 이유는 강과 산의 흐름을 거스르지 않고 기운을 그대로 이어받기 위함이라고 한다. 각각 봉화와 소백산에서 발원한 내성천과 서천은 마을의 위쪽에서 하나가 돼 약 350도 각도로 마을을 감싸며 흐른다. 그리고 예천군 풍양면의 삼강주막 너머에서 낙동강과 합류한다. 영주 가면 조선시대 사대부들의 마을을 복원해 만든 선비촌이 있다. 선비마을의 전형으로 전통마을을 만들었는데 선비촌의 고가들은 무섬마을의 고택을 본떠 지었다. 무섬마을은 전형적인 조선시대 사대부 마을의 모습을 지니고 있다.

무섬 마을의 위세는 대단했다. 30리 밖까지 무섬마을 땅이었다. 지금은 하나뿐인 외나무다리가 오래전에는 3개가 놓여 있었다. 현재의 시멘트 다리 자리에 있던 다리는 문수초등학교 코흘리개들이 등교하는 길이었다. 상류에 있던 다리는 영주로 장을 보러 갈 때, 가운데 다리는 아이들이 학교 갈 때, 하류에 있던 다리는 농사지으러 갈 때 건너던 다리다. 장마가 지면 다리는 불어난 물에 휩쓸려 떠내려갔고 마을 사람들은 해마다 다리를 다시 놓았다고 한다. 가을마다 복원행사를 하는 외나무다리로, 30년 전 방식 그대로 통나무를 자르고 이어서 다리를 만든다.

2005년 가을에 '추억의 외나무다리 이어가기' 행사를 시작한 이래 이어서 매년 축제를 열며 전통을 되살리고 있다. 영주시 무섬마을헌장에 일체의 상업적인 행위를 거부한다는 내용이 있다. 그래서 무섬에는 가게도, 식당도, 매점도, 자판기도 없다. 그 흔한 홍보용 홈페이지도 없다. 선비정신이 아직도 살아 있는 마을이다. 무섬마을을 주제로 「별리」라는 시를 쓴 시인 조지훈의 처가로 잘 알려진 김뢰진 가옥을 찾는 사람이 많다.

무섬마을 가옥 가운데 38동이 전통가옥이고, 16동은 100년이 넘은 조선시대 후기의 전형적인 사대부 집이다.

1 해우당. ㅁ자형의 집으로 중문을 중심으로 좌·우에
큰사랑과 작은사랑이 있다.
2 사람 사는 마을에 밭이 제공해 주는 먹을거리가 크다.
밭을 안은 집을 보면 넉넉해진다.
3 안으로 집을 품고 와편담장이 풍경을 사로잡는다.
곡선의 안쪽에 집이 자리 잡았다.
4 영주시 무섬마을헌장에 일체의 상업적인 행위를 거부한다는
내용이 있다. 무섬마을에는 가게도, 식당도, 매점도, 자판기도 없다.

22-1. 만죽재

晩竹齋 | 경북 영주시 문수면 수도리 229-2

무섬마을의 중심부 높은 곳에 무섬마을에서 가장 오래된 고택이 자리하고 있다. 만죽재다. 만죽재가 지어진 것은 1666년으로 300여 년이나 된 고택이다. 원래 70여 칸 규모의 한옥으로 건축되었지만, '섬계초당剡溪草堂'이라고 볏짚을 얹은 소박한 초가라는 뜻의 이름을 쓰다가 박수의 7세손 박제익이 중수하여 당호도 만죽재로 바꿨다. 보수할 때 수키와와 암키와에 쓰인 글씨를 발견하여 지은 때를 정확하게 알게 되었다.

康熙 伍年 丙吾 八月 十九日 平人 金宗一 造作
강희 5년 병오 8월 19일 평인 김종일 조작

강희는 중국 연호이고 5년은 1666년이다. 건축연도를 정확하게 알 수 있다는 것이 무엇보다 중요하지만 '평인 김종인 조작'이라는 명문이 새겨져 있다는 것이 특별하다. 평인인 김종일이 만들었다는 간결한 문장이지만 자꾸 평인이란 말에 담긴 한 사람의 장인이 떠오른다. 평인, 요즘 말로 하면 보통사람이지만 당시로써는 상인계급일 가능성이 크다. 왜 자신의 이름을 넣었을까. 기와를 만들고 집을 짓는 일을 하는 장인의 당당함을 가진 사람이기 때문이었을까. 아니면 집주인인 박수와의 어떤 관계가 특별해서 였을까. 건축물의 소재에 자신의 이름을 넣는 일은 드문 일이다. 수원화성은 실명제를 시행해서 장인들의 이름이 벽면에 적혀 있다. 당시 실학자다운 면모를 가진 사람들의 발상이다. 세계 최초로 시행하였던 건축 실명제일지도 모른다. 본채 우측 언덕 위에 2년 전에 복원된 서당이 하나 있다. 입향조 박수의 뜻을 이어받는다는 의미에서 서당에 섬계초당이라는 현판을 달았다. 또한, 만죽재는 한 번도 양자를 들이지 않고 13대를 이어가고 있다고 한다.

박수 선생이 무섬마을에 입향하여 건립한 만죽재는 반남 박씨 판관공파의 종가이다. 영주 무섬마을에서 가장 오래되기도 했지만, 마을주민들의 정서적인 고향이기도 하다. 박수는 영주 무섬마을로 처음 들어와 터를 일군 입향조다. 안동에 터를 잡고 살던 일가가 영주로 옮겨와 무섬마을에 터전을 잡게 된 것이 이 마을의 시초다.

만죽재의 배치구성은 안마당을 중심으로 ㄷ자형 안채와 一자형 사랑채가 ㅁ자형을 이루고 있다. 경북지방의 일반적인 가옥형태로 폐쇄적인 집이다. 안채는 정면 5칸, 측면 6칸 규모이다. 안채 평면구성은 대청 3칸을 중심으로 좌측에 고방, 상방, 문간이 연달아 놓여 있다. 고방은 잡다한 살림살이나 곡식 등 온갖 물건을 넣어 두는 공간이다. 규모가 큰 집에서는 고방 대신 광이라 불리는 창고를 여러 곳에 배치하였으나, 규모가 작은 집에서는 안방과 부엌 가까이에 두고 채광과 환기가 잘되도록 하였다. 대청 우측은 안방과 정지가 연이어 있고 정지 상부에는 안방에서 이용하는 다락이 설치되어 있다. 정지와 문간은 안마당 쪽으로 벽체 없이 개방시키고 바깥쪽에 널문을 달아 옆 마당으로 통하게 했다. 정지는 부엌의 방언이다. 중문 좌측은 사랑채 부분으로 사랑방, 마루방에 이어 마루방 뒤쪽에 방을 두었다.

사랑채 전면은 얕은 기단에 원기둥을 세우고 툇마루에 계자각 헌함을 돌렸다. 중문 우측은 상부 다락을 설치한 마구가 있다. 말을 위한 공간이 집안에 있었다. 전통가옥에서 가축을 가족의 일원으로 받아들이는 것은 자연스러운 모습이었다. 소 외양간도 부엌 옆이나 대문 입구에 두어서 안으로 들여놓았다. 공존의 모습이 전통마을에서는 자연스럽다. 중문은 안마당 쪽으로 벽체 없이 개방시키고 바깥쪽에 널문을 달아서 사랑방 정지로 사용하고 있다. 기단은 강돌에 시멘트 회반죽으로 상면을 마감하였고 그 위에 자연석 초석을 놓았다. 안대청 상부가구는 간결한 삼량가이고 사랑채는 전퇴 오량가로 사랑채의 격식을 높였다. 지붕은 사랑채 부분만 독립된 팔작지붕이고 나머지는 맞배지붕에 골기와를 이었다. 마구간 상부에는 정지에서 사용하는 다락이 설치되어 있다.

왼쪽_ 사랑채보다 한 칸 물러나 안채로 통하는 중문이 있다.
오른쪽_ 서까래와 봉창의 이중주가 멋지다. 새가 들어오지 못하도록 얼개미로 막았다.

영주 무섬 마을 279

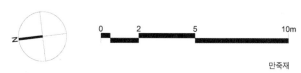
만죽재

위_ 원래 70여 칸 규모의 한옥으로 건축이 되었지만 '섬계초당剡溪草堂'이라고
볏짚을 얹은 소박한 초가라는 뜻의 이름을 쓰다가 박수의 7세손 박제익이 중수하여
만죽재로 바꿨다.
아래_ 기단을 높여 문마다 오르는 계단이 따로 있다.

위_ 벽에 구멍을 내고 막대기로 얽어 만든 봉창이다. 채광이나 통풍을 위한 것으로 가장 오래된 창의 형태이다.
아래_ 만죽재 사랑채는 전퇴 오량가로 사랑채의 격식을 높였다.

1 여닫이 세살창호와 광문으로 쓰였을 널판문이 보인다.
2 한지만으로도 방안이 산다. 용자살 영창으로 투과된 빛이 은은하다.
3 벽체에 수납공간을 만들고 도듬문을 달았다.
언뜻 보면 벽에 작품을 설치한 것 같다.

1 방과 방 사이에 불을 넣는 아궁이가 있고 밖으로 나가는 협문이 있다. 부엌 위로 고미반자를 설치하고 수장고를 만들었다.
2 세월의 흔적이 역력하다. 부뚜막에 걸린 무쇠솥이 견뎌온 세월도 만만치 않아 보인다.
3 지붕골이 만들어지는 회첨에 걸리는 회첨추녀이다. 거친 느낌이지만 정이 간다.
4 자연석과 나무로 디딤돌을 삼았다.
5 만죽재 편액.
6 ㅁ자의 문고리와 4개의 배목이다. 문고리를 걸 수 있도록 구멍을 내어 만든 못으로 문울거미에 달아 문고리를 고정할 수 있는 것을 배목이라 한다.

22-2. 해우당

海愚堂 | 경북 영주시 문수면 수도리 244

폐쇄형이면서도 위엄과 기개가 보이는 집

마을 입구에 있는 해우당 고택은 고종 때 의금부도사를 지낸 해우당 김락풍이 1875년에 건립했다. 자신의 호를 따서 지은 집으로 권세가의 집답게 경상도 북부지방의 전형적인 폐쇄성을 받아들이면서도 위엄과 기개가 보인다. 무섬마을에서 가장 큰 규모의 집으로서 전형적인 ㅁ자형 가옥으로 안으로 들어가기 전에는 안에서 일어나는 일을 알 수 없으며 사면이 가려 있어 들어가면 답답하고 하늘만 뻥 뚫린 느낌이 든다.

해우당 고택은 평탄한 대지에 배산하여 북서향하고 있다. 평면구성은 대청을 중심으로 좌측에 상방, 우측에 안방을 배치하고, 안방 앞으로 정지와 고방을 연달아 배열하였다. 정지는 안마당 쪽으로 개방되어 있고, 정지와 고방 상부에는 우물마루를 깐 다락을 두었다. 의금부 도사라면 권력의 가장 핵심부를 장악하는 자리다. 지금으로 보면 검찰의 핵심인물인 셈이다.

해우당 고택은 앞의 대문을 중심으로 좌우에 큰사랑과 아랫사랑을 두었는데, 특히 우측의 큰사랑은 지반을 높여 원기둥에 난간을 돌려 정자처럼 누마루를 꾸몄다. 누마루는 마루보다 더 높게 지어 마당을 훤하게 내려다볼 수 있게 한 것을 말한다. 누마루에 '해우당'이라고 쓴 흥선대원군의 친필 현판이 걸려 있다. '해우당'은 집주인인 김락풍의 호이기도 하다. 바다처럼 큰 어리석이란 뜻은, 깨달음의 다른 말이라 여겨진다. 당대 최고의 권력자인 흥선대원군이 직접 써 주었다는 것이 시사하는 바가 크다.

해우당 고택은 경북 북부지방의 전형적인 ㅁ자형 구조 가옥으로 전면의 대문을 중심으로 좌우에 큰사랑과 아랫사랑이 있다. 가옥은 마을 삼면을 휘감아 흐르는 내성천에 놓인 수도교를 건너면 제일 먼저 시야에 들어오는 가옥이다. 상방 앞쪽으로는 상방 정지, 중방, 고방으로 꾸몄다. 상방 정지는 안마당 쪽으로 벽체 없이 개방시키고 상부에는 상방에서 이용하는 다락이 설치되어 있다. 사랑채는 중문을 중심으로 좌측에 작은사랑, 마루방을 두었고, 우측에는 큰사랑에 연이어 마루방을 들였다.

사랑방 중 후면은 ㄱ자로 꺾어 책방을 두었고, 안마당 사이에는 벽장과 안채로 통하는 비밀통로 반 칸이 설치되어 있다. 마루방 뒤쪽에는 빈소방貧所房 1칸을 두었는데, 마루방과 빈소방은 ㅁ자형 평면에서 우측으로 1칸 돌출되어 있다. 큰 사랑채는 작은 사랑채보다 다소 지대를 높여 원기둥을 세우고 툇마루에 계자난간 헌함을 돌렸다. 사랑채를 두 개나 들여 집에 오는 손님을 받아낸 여자들의 노고가 느껴진다. 무릎을 제대로 쓸 수 없을 만큼 손님을 맞았다는 며느리들의 분주한 모습이 보인다. 하인들이 바지런하게 움직이는 모습 또한 눈에 선하다.

이 가옥의 평면구성에서 주목되는 것은 먼저 넓은 대청 공간의 배치와 다양하고 조리 있게 배치된 수장 공간의 활용이다. 공간을 절묘하게 잘 이용한 것이 집을 지으면서 정성을 많이 들였음을 보게 된다. 보통은 안채와 사랑채가 대각선상에 배치되는 것이 통례다. 해우당 고택은 안채와 사랑채가 직선형으로 배치된 점이 특별하다. 기단은 낮은 자연석 쌓기에 상면을 회벽마감하고 그 위에 자연석 초석을 놓았다. 기둥은 안대청 전면과 사랑채 툇기둥만 둘레를 등 그렇게 깎아 만든 원기둥이고, 나머지는 사각기둥을 세웠다. 상부가구는 안대청이 오량가이고, 큰 사랑채가 전퇴 오량가이다. 지붕은 큰 사랑채만 별도의 팔작지붕으로 꾸몄고, 나머지는 맞배지붕에 골기와를 이었다.

지금은 퇴색해 가고 있지만 위엄은 여전하다. 세월이 고스란히 쌓여 나무에는 속살이 드러나도 여전히 기개가 있다. 해우당 고택은 마치 몸은 힘이 빠졌지만 지팡이를 들고 노구를 추스르며 할 말을 다 하는 꼬장꼬장한 선비 같기만 하다.

위_ 해우당 전경. 무섬마을에서 가장 큰 규모의 집으로서 전형적인 ㅁ자형의 집이다.
아래_ 해우당 고택은 평탄한 대지에 배산하여 북서향하고 있다.
퇴색해 가고 있지만, 위엄은 여전하다.

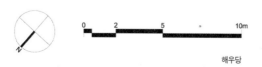

해우당

1 ㅁ자형 집은 사면이 가려 있어 입구에서 시선으로부터
보호할 수 있는 구조로 되어 있다.
2 툇간에 해우당이라는 편액이 보인다.
3 머름형의 평난간으로 난간청판에 풍혈이 없고 난간동자가
높이 올라와 난간대를 직접 받치고 있다.
4 해우당 편액. 큰 어리석음이란 깨달음의 다른 말이기도 하다.
날카로운 논리가 수그러진 곳에
넉넉한 이해와 배려의 훈훈함이 있다.
큰 어리석음은 그곳에 있다.
5 충량의 긴 허리가 시원하고 선자서까래가
부챗살 모양으로 천장을 구성하고 있다.
6 널판문의 부엌문과 그 위에 광창이 있다.
7 집안사람만 이용 가능하도록 담과 건물 사이에 쪽문을
달았을 것으로 추정되나 지금은 고정했다.
8 옹기굴뚝에 연통전용으로 만든 옹기가 예사롭지 않다.

23. 대구 옻골마을 _{대구시 동구 둔산동}

옻골마을은 옻나무가 많아 칠계漆溪라고 했다

종가가 되려면 종가의 요건을 갖추어야 한다. 종가 요건으로 7가지가 있다. 명망 있는 조상을 가진 사람이라야 우선 가능한 일이다. 단연 첫 번째 조건이다. 자손들이 본받을 수 있고, 사회적인 명망을 갖춘 인물이 있어야 하고, 다음으로 그 조상을 모시는 사당과 종택이 현존해야 한다. 그 요건만으로는 부족하고 종손, 종부, 지손 그리고 문중이 있어야 한다. 이렇게 7가지 조건이 충족되어야 비로소 종가가 될 수 있다. 옻골마을의 상징적인 집, 백불종택의 요건을 살펴본다. 인물로는 불천위인 대암공 최동집과 백불암 최흥원이 있고, 이들의 별묘와 가묘 등이 모셔진 보본당報本堂이 제 모습을 갖추고 있다. 종손과 종부로 백불암 9대 종손인 최진돈씨와 최씨의 노모인 13대 종부가 현존하고 있다. 가장 기본적인 요건에 지손 그리고 문중이 있으니 종가의 모습을 온전히 갖추었다.

보본당은 백불종택에서 제일 아름다운 건축물이다. 마루턱에서 자세를 낮춰 문얼굴로 내다보면 마을 뒷산 생구암이 한눈에 들어오는 곳에 자리하고 있다. 보본당은 건축미가 뛰어나다. 대들보는 나무가 생긴 모습 그대로 써 자연스런 굴곡미를 지니고 있다. 서적과 제사 용기를 보관하는 다락방 등이 고풍스럽다. 마을 동쪽 개울을 따라 내려오면 자손들의 강학 장소와 피서지이기도 했던 동계정이 있는데 현판 글씨는 허목이 쓴 전서체로 서체의 아름다움이 뛰어나다.

대구시 동구 옻골마을은 임진왜란 때 대구지역 의병장으로 활동한 최계崔誡의 아들 최동집이 광해군 8년, 1616년에 터를 잡았다. 약 400년의 세월이 흐른 지금까지도 경주 최씨들이 집성촌을 이루어 살고 있다. 옻골은 마을 남쪽을 뺀 나머지 3면의 산과 들에 옻나무가 많아 칠계漆溪라고 했다. 지금은 행정구역상 둔산동屯山洞이다. 경주 최씨 종가 및 보본당 사당을 비롯해 20여 채의 조선시대 가옥으로 이루어져 있다. 마을 뒤에는 주산인 옥고개가 병풍처럼 둘러싸고 있고, 왼편에는 황사골, 오른편에는 새가산이 자리하고 있어 마을 터는 좁고 기다란 형상을 하고 있으며 농토 또한 비교적 좁은 편이다.

옻골마을은 시도민속자료 제1호로 지정되어 있다. 경주 최씨 종가 및 보본당 사당은 마을의 분위기를 주도하고 있다. 대구지방에 있는 조선시대 가옥 가운데 가장 오래된 경주 최씨 종가 및 보본당 사당은 풍수지리설과 음양오행설을 반영해 지은 가옥이다. 마을에서 가장 깊이 들어간 안쪽에 자리하고 있다. 마을 어귀에는 수령 350년이 넘는 거대한 회화나무 두 그루가 버티고 서 있다. 안내판에는 '최동집 나무'라고 적혀 있다. 회화나무는 원래 3정승을 뜻하기 때문에 3그루를 심는다. 세상으로 나아가는 것이 목적이었던 선비들의 '출세'의 가장 높은 자리가 정승 자리다. 그래서 회화나무는 선비마을에 많이 심었다.

옻골마을 집들의 담장은 우리나라의 돌담이 자연스럽게 경사를 받아들이고 곡선을 따라 이어져 있는 모습과는 다른 직선을 고집하고 있다. 토석담으로 마을 안길의 돌담길이 대부분 직선으로 구성되어 있어 질서정연한 느낌이 드는 점이 특징이다. 전통가옥들과 일직선으로 각을 이룬 돌담길은 전형적인 반촌 분위기를 만들어 낸다. 옻골마을은 거북의 옆모습처럼 생긴 산자락이 병풍처럼 마을을 감싸고 있는데, 뒷산 봉우리가 마치 살아 있는 거북과 같다 해서 이 봉우리를 '생구암生龜岩'이라 부른다. 옻골마을을 일군 최동집과 인연이 깊은 바위다. 생구암은 이름에서 알 수 있듯이 입향조 최동집의 분신 즉, 마을의 상징과도 같은 존재다. 풍수지리학상 거북이 사는 데는 물이 필요하다 해서 마을 앞에 인공연못이 조성됐다. 이 연못을 둘러싼 남쪽 느티나무 군락은, 마을의 양기가 빠져나가지 않도록 하는 비보 숲의 역할을 한다고 한다. 비보란 풍수지리학에서 부족

왼쪽_ 집 측면 목재의 구성도 특이하고 굵기가 들고 나서 더욱 해학적이다. 붙여 낸 협문은 지붕의 무게를 견디기 어려워하는 듯하다.
오른쪽_ 옻골마을로 들어가는 입구의 정려각.

대구 옻골마을　289

한 부분을 인공적으로 보완하는 것을 말한다. 옻골마을의 건물 배치 방식은 성리학 영향을 크게 받았다. 성리학에서는 건물 배치에도 위계를 둔다. 일반적으로 가장 중요한 건물은 가장 뒤에 배치되는데, 마을 제일 안쪽에 종가가 자리 잡은 것도 이 때문이다. 또 종가 중에서도 조상의 공간인 사당이 가장 뒤쪽으로 들어가 앉았다.

옻골마을의 종가는 조선 영조 때의 학자 백불암 최흥원 선생의 호를 따 '백불고택'이라 불린다. 현재 이곳에는 종손을 비롯한 가족 4명이 살고 있는데, 명문가의 종가답게 손님들의 발길이 끊이질 않는다. 설 명절 때는 하루에 300여 명분의 떡국을 끓여 내야 할 정도라고 한다. 재미있는 것은 이 고택의 안채 마루에 커피 자판기 하나가 떡하니 자리를 잡고 있다는 사실이다. 하루에도 몇 차례씩 들락거리는 사람들을 위해 일일이 차를 끓여 낼 수도 없고 종가 인심에 내 집을 찾은 사람을 맨입으로 돌려보낼 수도 없는 형편이라, 손님 접대를 위해 설치했다고 한다.

안채와 사랑채 사이 동쪽 문을 통해 백불암 선생의 불천위 不遷位 사당인 가묘가 있다. 불천위란 큰 공훈이 있어 영원히 사당에 모시기를 나라에서 허락한 신위이다. 정문은 조상신이 드나드는 곳이라서 잠가 두고 사람은 왼쪽 측문을 이용한다.

1 슬레이트를 덧대어 비와 햇볕을 차단하고 있다. 슬레이트도 한옥처럼 세월을 머금으니 어색하지 않다.
2 옻골마을에서 가장 안쪽에 자리 잡은 백불고택의 사랑채 모습. 중심을 가르는 디딤돌의 크기가 저마다 다르다. 자연석으로 디딤돌을 놓아 분할이 아닌 사람을 만나게 하는 정다운 징검다리다.
3 옻골마을 건물의 배치 방식은 성리학 영향을 크게 받았다. 성리학에서는 건물 배치에도 위계를 둔다.

N

0 2 5 10m

옻골마을

위_ 삼량가의 건물 측면.
박공과 대들보에 곡선을 들여
정이 간다.
아래_ 백불고택으로 들어가는 문은
골목길의 끝에 자리한 문으로
사랑채를 만나는 문과 측면에서
들어가는 문으로 안채로
바로 들어가는 문이 있다.

1 정원이 잘 다듬어진 사당과 일각문. 멀리 거북바위가 보인다.
2 안채로 들어가는 협문. 담장 옆으로 남천이 생울 역할을 한다.
3 골목길 끝에 자리한 백불고택 평대문이다.

1 문을 조금 열면 또 다른 풍경이 기다리고 있다.
2 엇갈려 나무를 받쳐 놓았다. 역학적인 구조물 같다.
3 부엌에서 바라본 장독대 모습.
4 대청마루에서 바라보이는 문얼굴의 모습이 각양각색이다. 마루는 집안 전경이 가장 잘 보이는 곳 중 하나다.
5 고주를 팔각기둥으로 만들어 특별하다.
6 쪽문. 제멋대로 쌓은 담이 튼튼하지는 않아도 쪽문의 퇴색과 어울려 보기에도 고풍스럽다.
7 옻골마을의 길은 직선을 지향하고 있다. 마을 뒤에는 주산인 옥고개가 병풍처럼 둘러싸고 있고, 왼편에는 황사골, 오른편에는 새가산이 자리하고 있어 마을 터는 좁고 기다란 형상을 하고 있다.
8 옻골마을 입구의 가을 풍경으로 연못을 둘러싼 느티나무 군락은 마을의 양기가 빠져나가지 않도록 하는 비보 숲의 역할을 한다고 한다.

전통 한옥마을

24. 제주 성읍마을 제주도 서귀포시 표선면 성읍리

무속이나 풍속의 원형이 잘 보존된 보고, 성읍마을

제주도는 섬이지만 동시에 도道다. 바람과 여자와 돌이 많다고 하는 제주도에 도착하면 가장 먼저 다른 육지와는 확연히 다른 것을 만난다. 돌이다. 구멍이 숭숭 뚫린 검은 돌이 주는 이국적인 정취에 먼저 사로잡힌다. 지금은 사라졌지만, 새를 엮어 만든 초가집이 아름다운 곳이다. 제주도에는 성읍마을이 예전의 자취를 그대로 간직하고 있다.

성읍은 세종 5년, 1423년에 지정된 정의현의 도읍지로서 산골 마을이면서 도읍지였다는 특이성을 가진 마을이다. 산촌이면서 도읍지였다는 이중적 성격은 성읍리가 민속마을다운 바탕을 이루게 하는 원천이다. 아늑한 터에, 키 재기하듯 높고 낮은 봉우리들이 마을을 감싸고 있다. 길들이 자연형세를 따라 굽이돌고 휘어지며 만난다. 성읍마을의 민가는 뭍과는 다른 독특한 건축기법을 하고 있다. 대개 一자형 평면을 가진 집 2채를 중심으로 몇 가지 배치방식으로 짜여 있다.

제주 민가는 돌과 새가 주재료이다. 구멍이 난 검은 돌로 지은 집은 충분히 특별하다. 돌로 벽을 쌓고 새로 지붕을 덮어 건물을 만든다. 초가와 비슷하게 생겼어도 모양은 영 다르다. 재료가 되는 돌의 특성과 지붕의 새가 독특한 특징을 가지게 한다. 건물의 규모와 채의 수는 경제적 형편과 가족상황에 따라 다르다. 살림이 어렵거나 식구가 단출한 경우에는 안거리 한 곳에 살았으며, 좀 여유가 있으면 안거리 맞은편에 밖거리를 마주 보게 지었다. 안거리는 안채를 말하고, 밖거리는 바깥채를 말한다. 아주 단순하고 소박한 집이다. 제주도의 밖거리에는 정지, 즉 부엌이 별도로 꾸며졌으며 구조는 안거리와 큰 차이가 없다. 더러는 안거리와 밖거리 사이 마당 좌우에 모거리를 두는데, 여기는 대개 외양간이거나 헛간, 연자매를 두었다.

입구 쪽에 대문간을 세우면서 좌우에 외양간이나 헛간을 두기도 했다. 난방을 위해 외벽과 방 사이에 '굴목'이라는 불을 때는 별도의 좁은 공간을 둔 것도 특징이다. 육지 가옥의 취사용 아궁이와는 달리 밥을 짓는 곳과 방을 따뜻하게 하는 곳이 분리되었다.

중산간 마을에서는 집으로 들어서는 입구 양편으로 좁고

길게 돌담을 쌓아 골목처럼 만든 '올레'를 두는 게 흔한 일이었다. 올레 입구 양쪽에는 '정주목'이나 '정주석'을 세우고 세 개의 '정낭'을 걸쳐 놓아 주인의 외출 여부를 알렸다. 정낭이 모두 걸쳐져 있으면 식구가 멀리 나가 아무도 없다는 표시이고, 둘이 걸쳐져 있으면 가까운 곳에 나갔다는 표시이며, 하나만 있으면 이웃에 갔다는 표시이다. 이것은 사람의 출입을 통제할 뿐 아니라 제주도에서 놓아 기르던 말이나 다른 가축들이 집에 들어오는 것을 막는 역할도 겸했다.

중요민속자료로 지정된 가옥은 조일훈 가옥, 고평오 가옥, 이영숙 가옥, 한봉일 가옥, 고상은 가옥 등이 있다. 제주만의 고풍을 그대로 간직한 가옥들이 곱다. 정의현 관청 건물이었던 일관헌을 비롯하여 느티나무와 팽나무, 정의향교, 돌하르방, 초가 등 많은 문화재가 있다. 성읍마을은 소박하면서도 제주만의 개성 있는 풍경과 함께 제주도의 고유한 생활풍습을 엿볼 수 있는 곳이다.

제주도는 조선조 태종 16년, 안무사 오식의 건의에 따라 약 5세기 동안 삼분하여 통치했다. 한라산을 가운데 두고 대체로 지금의 제주시와 북제주군을 합친 산북은 제주목으로 하고, 한라산 남쪽 곧 지금의 서귀포시와 남제주군은 둘로 나누어 서쪽은 대정현, 동쪽은 정의현으로 행정구역이 나누어졌다. 이 삼현 분립 통치기간은 1914년까지 이어졌으니 무려 498년간에 이른다. 애초 정의현의 도읍지는 성산읍 고성이었다. 고성리는 그 위치가 정의현의 구석으로 치우쳐졌다는 데서 7년 만인 세종 5년, 1423년에 도읍을 성읍리로 옮겨 이곳을 터전 삼았다. 곧 해안마을 표선리

왼쪽_ 제주도의 상징인 돌하르방과 감귤나무.
오른쪽_ 제주도에서는 담을 쌓거나 집을 지을 때, 또는 도로를 포장할 때도 현무암인 검은돌을 주재료로 많이 쓰기 때문에 어디를 가든 흔히 볼 수 있다.

에서 8km쯤 올라간 성읍 민속마을은 대평원 속에 둥근 오름들이 마을을 뺑 둘러가며 불쑥불쑥 솟아 사방으로 병풍처럼 둘러친 고요한 산촌이다.

성읍마을 둘레에는 성이 있었다. 오늘날에도 성터가 일부 남아 있다. 오늘날에도 전해지는 정의향교의 대성전은 현청 소재지가 고성리에서 이곳 성읍리로 옮겨지는 해, 1423년에 세워졌다. 580여 년을 견뎌온 향교다. 고을로서의 실태를 살펴볼 수 있는 창고, 향약, 사묘, 장관, 군병, 노비 등이 있다.

성읍리에는 '벅수머리' 또는 '무성목'이라 불리는 돌하르방 12기가 있다. 제주도의 상징물이 되어 있는 돌하르방

을 만나는 일은 기쁨이다. 또한, 성읍마을에는 무속신앙의 장소가 20개소 가까이 산재해 있었다. 이중 '안할망당', '광주부인당', '일당', '개당'은 아직도 남아 있다. 주민의 신수와 건강을 관장한다는 '안할망당'의 성격은 온 마을 사람들이 신앙하는 '안칠성'이라 볼 수 있다. 부인병이나 모유 등을 관장한다는 '광주부인당'에는 현감 부인의 치병을 위하여 순사했다는, 그의 시녀 광주부인의 애틋한 이야기가 전해진다. 마소의 질병과 양육 등을 관장하는 '쉐당'이 있었다. 다른 곳에서는 찾아보기 어려운 사례. 제주도는 아직도 무속이나 풍속의 원형이 잘 보존된 보고로 성읍마을이 지닌 가치는 크다.

1 우리나라에 노거수로 자라는 나무는 소나무, 은행나무, 느티나무, 왕버들나무 등이 있는데 팽나무도 노거수 중 하나다.
2 제주도는 농사짓기도 어렵고 밭도 많지 않아 살기가 척박했었다.
3 제주도 민가의 구조는 너무나 단출하다. 어떤 구속도 없이 빈손으로 살아가는 사람들의 집이다.
4 바람이 거세 고사새끼로 연죽에 꼭꼭 묶어두지 않으면 지붕이 날아간다.

1 풍경으로는 그지없이 아름답지만 바람과 돌과 여인이 많다는 제주는 척박했다.
2 현무암으로 새로 만든 3칸의 평대문이다.
3 장독은 마당에 그대로 두었다.
4 성읍마을은 세종 5년, 1423년에 지정된 정의현의 도읍지로써 산골 마을이면서
도읍지였다는 특성을 갖추고 있다.
5 구멍이 난 현무암으로 만든 굴뚝이다.
6 산촌이면서 도읍지였다는 이중적 성격은 성읍리가 민속마을다운 바탕을
이루게 하는 원천이다.
7 제주도의 옛날 대문에 걸쳐놓은 굵은 나뭇가지. 정주먹에 구멍을 세 개 뚫고
그 구멍 세 개에 굵은 나뭇가지를 걸쳐놓는데 이것을 정낭이라고 한다.
8 정낭이 처져 있다는 것은 사람이 없다는 표시다.

24-1. 한봉일 가옥

韓奉一 家屋 | 제주도 서귀포시 표선면 성읍리 928

제주 전통가옥의 전형적 구조와 기능을 살피는 데 그 학술적 가치가 높은 집

이 집은 중요민속자료 제71호로 지정되었고 한봉일 씨가 소유하고 있다. 한봉일 가옥은 단순하고 명쾌한 하나의 작품이다. 군더더기 하나 없는 단순함이 주는 미학적인 깊이는 오히려 깊다. 나무 한 그루가 사람에게 미치는 영향이 얼마나 큰가를 확인하게 된다. 숲 속의 집이다. 조선시대의 서민가옥으로 19세기 중엽에 지어졌다. 一자형 우진각지붕의 초가로 안채와 바깥채, 대문간으로 구성되어 있다. 성읍마을에서는 안채를 안거리, 바깥채를 밖거리라고 한다.

안거리는 작은 방이 있는 3칸 집으로 한라산 남쪽 지역의 전형적인 가옥의 특색을 나타내 준다. 대문간은 올레를 만들었다. 좁은 골목인 올레는 집안으로 들어가는 진입로를 말한다. 토속적이면서 입구로 들어가는 짧은 길인 올레와 대문은 환상적인 짝을 이룬다. 올레의 팽나무와 어울려 집의 경치를 한층 더 멋지게 하고 있다. 팽나무가 있는 풍경의 입구는 하나의 작품이라고 할 수 있다.

한봉일 가옥은 성읍마을의 중심가에서 동쪽에 자리한다. 주변경관이 아늑하고 '이문간'으로 들어서는 공간에 우람하게 자란 팽나무와 규모 있는 이문간이 만들어 내는 조화로운 멋은 일품이다. 이곳에서 이문간은 대문을 의미한다. 전통과 살아 있는 나무가 주는 품격이 뛰어나다. 헛간과 가축을 키우는 쇠막이 달린 의젓한 이문간에 들어서면 좌우에 안거리와 밖거리가 균형 있게 앉았다. 안거리는 작은 방이 있는 한라산 남쪽 민가의 전형적 가옥 형태라 볼 수 있으며, 안거리에는 재래식 온돌인 '굴묵'으로 통하는 다른 문을 두지 않고 난간 쪽을 이용하여 출입하는 산남山南 민가의 전형적인 가옥구조를 잘 드러내 준다. 3칸 집인 밖거리는 상방을 앞뒤가 트이게 꾸미지 않고

상방 뒤쪽에 작은 구들을 배치한 점이 특이하다. 바람이 심한 제주도에서는 강풍에 의한 피해를 줄이기 위해 돌담의 높이를 높게 하여 피해를 막고 지붕도 강풍에 잘 견디도록 새끼나 그물로 얽어맨다. 제주도만의 특색이 곳곳에 보인다.

가옥은 개조된 부분이 별로 없어서 재래적인 가옥구조를 고스란히 보여 준다. 울타리를 둘러가며 팽나무, 동백나무, 등나무들이 자라고 있어서 한결 차분한 분위기를 만든다. 마을의 길보다는 좀 나지막한 이 집 마당에 들어서면, 북쪽 민가들 지붕 사이로 내다보이는 영주산이 성읍민속마을 뒤에 온후하게 솟아서 이 고을을 수호하듯 병풍처럼 둘러쳐져 있다.

한봉일 가옥은 그 입구와 이문간이 여유 있는 공간구성을 이루었다. 울타리에 조화롭게 심겨진 나무들과 마당에서 내다보이는 경관이 뛰어나다는 점에서 전통가옥의 전형적 구조와 기능을 살피는 데 그 학술적 가치가 높다.

왼쪽 위_ 一자형 우진각지붕의 초가로 안채와 바깥채와 대문간으로 구성되어 있다.
왼쪽 아래_ 장식하지 않고 투박한 그대로가 생활이고 삶이다.
오른쪽_ 짧은 지붕 깊이로 말미암아 햇볕이 들어오는 것을 막기 위한 가림막이다.
소박하면서도 꾸밈이 없는 생활 집이다.

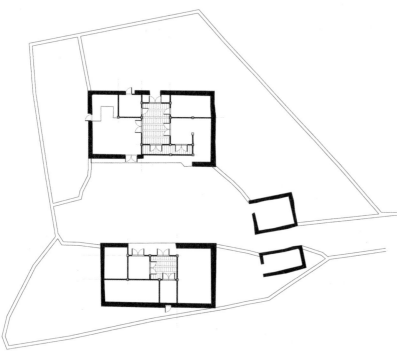

위_ 팽나무가 집의 수호신처럼 버티고 서 있다.
아래_ 작은방이 있는 3칸 집으로 한라산 남쪽지역의
전형적인 가옥의 특색을 보여 준다.

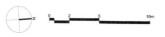

한봉일 가옥

1

2

3

4

1 오량가로 타원형의 판대공이 특이하다.
2 제주도는 바라볼수록 정이 간다. 꾸미지 않은 아름다움이 사람을 끌어당긴다. 나무가 주는 위엄과 단순한 제주 민가는 그대로 풍경이 된다.
3 햇빛이 들거나 비가 올 때는 바지랑대로 가림막을 세운다.
4 굴묵 입구. 가로지른 상방의 나무가 애처롭다. 나무를 구하기 어려운 서민들은 집 짓는 것이 버거웠다.

1 돌이 많은 제주도의 모습답게 장독대도 손쉽게
구할 수 있는 현무암으로 만들었다.
2 제주 민가는 돌과 새가 주재료이다. 돌로 벽을
쌓고 새로 지붕을 덮어 건물을 만든다.
지붕은 다시 한 번 묶어 준다.
3 현무암과 흙을 이겨서 벽체를 삼았다.
4 현무암으로 만든 사다리형초석이다.
5 소박한 널판문. 조촐하고 질박한 생활이 보인다.
6 용자살 창호 모습.
7 노란 감귤, 검은 현무암, 그리고 새로 엮은
초가지붕, 모두 제주만의 모습이다.

1 지붕 위에 화사한 동백꽃이 피었다. 떨어졌을 때도 나무에 피어 있는 것처럼 화려함이 쉽게 가시지 않는다.
2 물이 귀한 제주도에서는 빗물을 생활용수로 쓰기 위해 이처럼 만들어 놓았다.
3 나무에서 흘러내려 오는 빗물을 받으려는 조치이다. 제주도는 현무암 지대라 물이 그만큼 귀하기 때문이다.
4 새는 세월의 흔적으로 퇴색해 가는데 꽃은 늘 올해 핀 꽃이다.
5 평대문에서 바라본 밖거리의 모습. 입구와 밖거리가 같은 높이의 평지에 있다.

참고문헌

경북 성주의 한개마을 문화
이명식
태학사
1997

사진과 도면으로 보는 한옥짓기
문기현
한국문화재보호재단
2004

알기 쉬운 한국 건축 용어사전
김왕직
동녘
2007

전통 한옥 짓기
황용운
발언
2006

한국의 문과 창호
주남철
대원사
2001

한옥 살림집을 짓다
김도경
현암사
2004

한옥의 구성요소
조전환
주택문화사
2008

김봉렬의 한국건축이야기
김봉렬
돌베게
2006

산림경제
국역,민족문화추진회
1983

어머니가 지은 한옥
윤용숙
보덕학회
1996

집宇집宙
서윤영
궁리
2005

한국의 민가
조성기
한울
2006

한옥에 살어리랏다
문화재청
돌베게
2007

한옥의 재발견
박명덕
주택문화사
2002

민가건축 I,II
대한건축사협회 편
보성각
2005

손수 우리집 짓는 이야기
정호경
현암사
1999

우리가 정말 알아야 할 우리한옥
신영훈
현암사
2000

한국건축의 장
주남철
일지사
1998

한국의 전통마을을 가다 1,2
한필원
북로드
2004

한옥의 공간 문화
한옥공간연구회
교문사
2004

www.kumjin.co.kr

韓屋

더 이상 고가의 주택이 아닙니다

금재목재는 대규모 제재시설과 건조시설을 갖추고 있습니다.
진보된 설비와 노하우로 저렴하고 고품질의 한옥자재를 공급하고 있습니다.

비싸다고 생각만 한 한옥.
이제 금진목재와 함께 시작하세요!

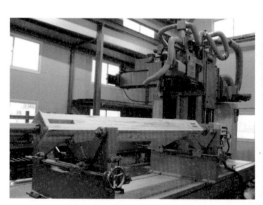

● 한옥형 복합 가공 시스템이란?

기존에 프리컷 시스템으론 불가능했던 정밀 가공
'운공' 같은 사람의 손이 많이 가는 작업을 기계를 통해 간소화

www.greenhomeplan.kr

전통 한옥의 멋과 현대의 편리함이 있는

아름다운 **신한옥**을 짓습니다

저희 그린홈플랜은
오랜 경험과 노하우를 바탕으로 고객을 위하여
정직과 신뢰로 최선을 다해 일하고 있습니다.
항상 사람과 자연을 먼저 생각하는 마음으로
친환경 소재를 이용, 전통미과 편리함을 갖춘
아름다운 신한옥을 짓습니다.

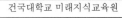

전통한옥에 현대생활을 담은…

신 한 옥

시공전문, 고려한옥

전통문화를 담고 있는 건강한 주택, 한옥
신한옥의 현대화를 위해 표준화 설계도면
및 기계화 생산을 통한 자재로,
한식목구조 주요과정을
사전 제작하여 조립하는 시스템화된
건축방식을 도입하였습니다.
이런 방식으로 비싸다고만 여겨왔던
한옥의 가격을 합리적인 가격으로
건축주께 돌려 드리고자 합니다.

고려한옥은,
목재를 직접 구입, 제재, 치목하고 한옥 부자재
공장을 직접 운영하여 일반 건축비 수준으로
가격 경쟁력을 갖추고 있습니다.

- 한옥시공현장과 완성된 한옥들, 광양 목재공장,
  보성 기와공장, 전통창호공장을 연계한
  한옥관광으로 믿음과 신뢰를 확인할 수 있습니다.
- 시공부터 준공까지 행정대행을 서비스합니다.
- 자체 한옥시공팀을 운영하고 있습니다.
- 시공 후 2년간 A/S를 보장합니다.

시공과정

고려한옥에서 시공한 이석규댁의
1.터잡기 2.초석놓기 3.기둥과 보 연결 4.지붕작업
5. 지붕강회다짐 6.기와 얹기의 공정별 시공과정입니다.

고려한옥주식회사
KOREA HANOK Co., Ltd

본사 : 경기도 성남시 분당구 구미동 18 시그마 II A동 137호
TEL 031-715-2813   C.P. 010-3846-9113   FAX 031-715-2833
지사 : 전남 광양시 봉강면 석사리 454-1
TEL 061-763-8061   FAX 061-763-8062
http://www.koreahanok.co.kr   E-mail: tomcat321@daum.net

古건축자재전문

고 재

기 둥

보

古문짝

모름대 (합중방)

석 재

돌너와

돌구들

요업재

조선기와

와 편

건조재

서까래감

널

제 품 **송인목재**에서 새로 개발한 춘양목 티테이블 및 식탁   **고전문짝공예** **공·방·직·영** 주택용 | 인테리어용 | 테이블용

조선문 탁자

우물마루 탁자

조선문

문살 1

문살 2

문살 3

문살 4

고전 인테리어용 고목재, 조선기와, 벽재·바닥재용 돌너와, 돌구들, 와편 등 다양한 고자재 다량확보

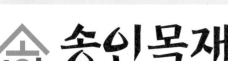

조전환의 이연한옥

실용적이고 전통적인 공간 미학

21세기 한옥시스템의 완성!

이연한옥은 한옥이 지니는 장점을 21세기 현대인의 삶의 양식과 결합하였습니다.
한옥의 정수를 최적으로 데이터베이스화 하였으며,
고객이 원하는 대로 공간을 맞춤 설계할 수 있는 편리한 주문 생산시스템을 갖추었습니다.

자연과 더불어 삶을 영위하던 선조들의 사상과 예술과 문화가 고스란히 배어 있는
한옥을 새로운 숨결을 불어 넣어 21세기의 신한옥으로 되살리고자 이연은 지난
10여 년간 많은 실험들을 해왔습니다.
오랜 역사를 지닌 우리의 전통 건축방식이 보전과 복원을 넘어서 이 시대의 주요
건축방식으로 되살아나는 새로운 전기를 맞이하고 있는 이때에, 기획력을 바탕으로
연구를 통한 자료수집과 자료의 3D 디지털화, 획기적인 시공방식으로 한옥건축
문화를 선도하고 있다고 자부합니다.

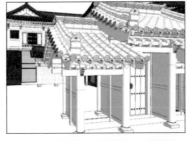

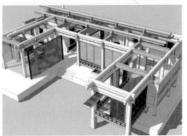

[특허등록] 주문대응 최적화 한옥 건축 방법

한옥구성요소의 다양한 형태를 데이터베이스화하여 설계에 적용, 삼차원 가공 데이터를 생성함
으로써, 고객의 요구에 최적으로 대응할 수 있는 한옥의 통합적인 설계·시공 시스템을 완성하여
특허를 취득 하였습니다. 이 특허는 한옥 살림집을 포함하여 공동주택이나 교육시설 등 다양한
현대적인 시설들의 건축에 적용할 수 있으며, 생산자 중심의 모듈화시스템을 넘어서 고객중심의
한옥산업화에 기여할 것으로 기대합니다.

[주식회사 利然] 경기도 의왕시 오전동 32-22 오전빌딩 206 Tel : 031-455-6173 hp : 011-378-9279
홈페이지 : http://동네목수.com http://eyounhanok.com 이메일 :e-youn@hotmail.com

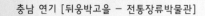

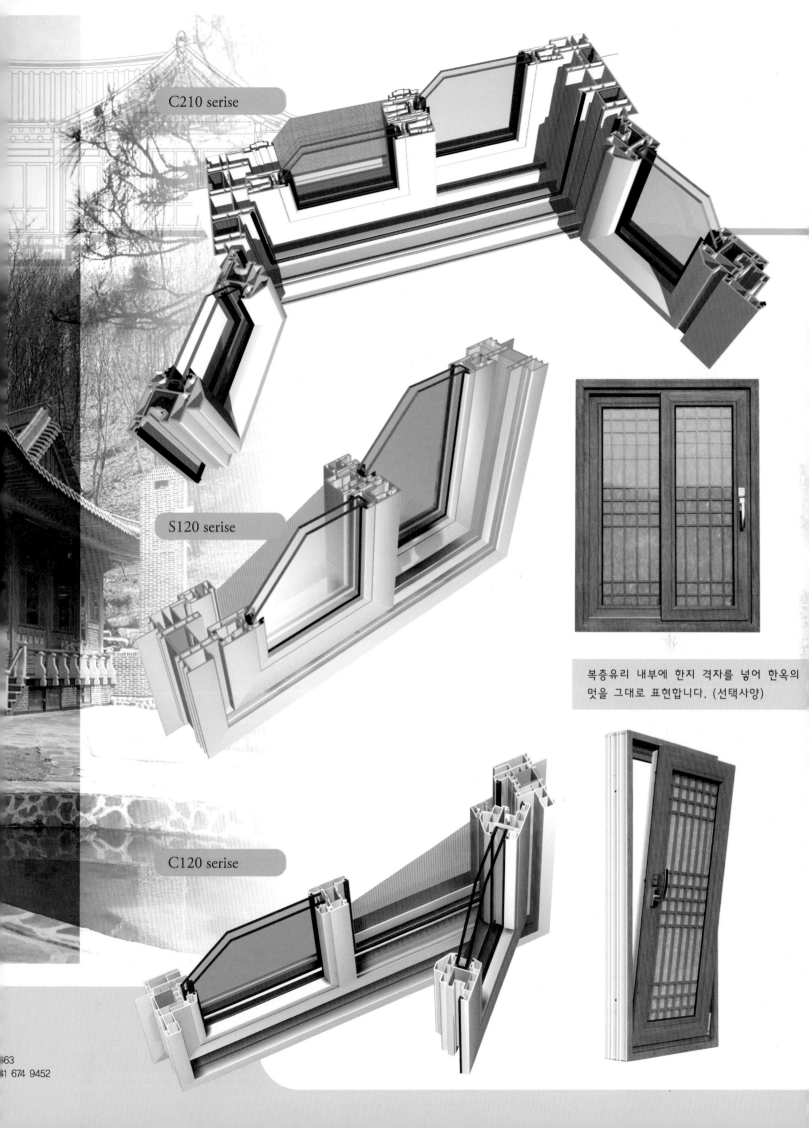

C210 serise

S120 serise

C120 serise

복층유리 내부에 한지 격자를 넣어 한옥의 멋을 그대로 표현합니다. (선택사양)

663
1 674 9452

한식창호

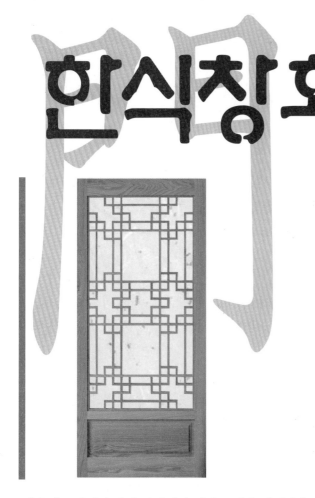

한옥의 문틀에서 가장 특징적인 격자 문양을 입체감을
주어 그대로 재현했습니다. 우리나라 사대부가의
전통적인 문살을 다양하게 디자인하고 결고운 원목으로
자연의 질감을 살려 친숙한 전통미를 느끼게합니다.

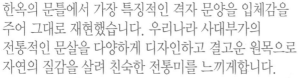

 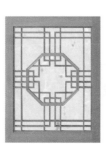  

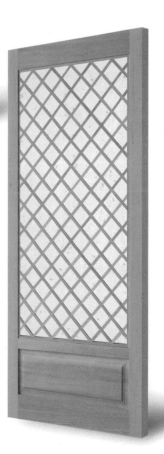

■ 추천수종

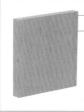

홍송(Old Glowth D/F)
품명:북미산 홍송
특성:노랑색 및 분홍색 나이테
　가 선명하고 무늬가 좋으
　며 기름기가 있고 내구성
　이 좋다.
용도:창호, 문틀, 루바, 후로링,
　가구, 고급인테리어재

미송(Hemlock)
특성:무늬가 곱고 색상은 밝은
　색을 띠며, 강도가 좋음.
용도:문틀, 창호, 몰딩

적송(Red Pine)
특성:변재는 황백색으로 폭이
　좁다. 가공성이 좋고,
　내수성도 양호하며, 내후,
　보존성이 높다.
용도:내외장재, 상자, 펄프

태원목재(주)
Taewon Lumber Co.,Ltd.

인천광역시 서구 가좌동 602-10 Tel:032-578-8500~3 Fax:032-578-8504 www.wood.co.kr

제품별 용도(목재)

씨라데코

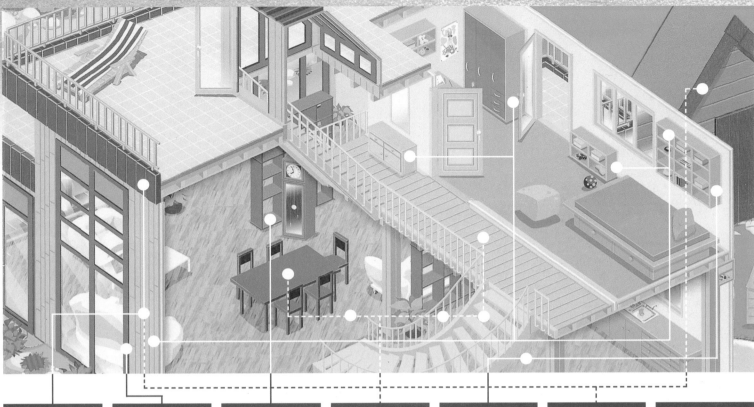

씨라데코 월드(HL) 오일스테인	씨라데코 UV+ 골드 오일스테인	씨라데코 그린 수용성스테인	씨라데코 다이아몬드 표면강화제	콘솔란 에코 수용성스테인	콘솔란 오버코트 수용성스테인	씨라몬 TR 방부/방충제

외벽/데크/사이딩	자외선차단전용제품	책장/가구/테이블	계단/마루/바닥	내벽/루바/사이딩	울타리/시멘트사이딩	기둥/보/서까래

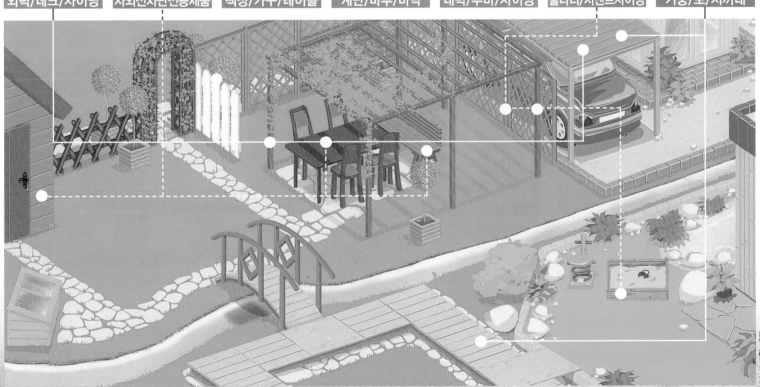

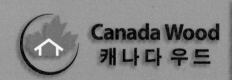

| 참고문헌 |

경북 성주의 한개마을 문화 / 이명식 / 태학사 / 1997
김봉렬의 한국건축이야기 / 김봉렬 / 돌베게 / 2006
민가건축 I, II / 대한건축사협회 편 / 보성각 / 2005
사진과 도면으로 보는 한옥짓기 / 문기현 / 한국문화재보호재단 / 2004
산림경제 / 국역.민족문화추진회 / 1983
손수 우리집 짓는 이야기 / 정호경 / 현암사 / 1999
알기 쉬운 한국 건축 용어사전 / 김왕직 / 동녘 / 2007
어머니가 지은 한옥 / 윤용숙 / 보덕학회 / 1996
우리가 정말 알아야 할 우리한옥 / 신영훈 / 현암사 / 2000
전통 한옥 짓기 / 황용운 / 발언 / 2006
집宇집宙 / 서윤영 / 궁리 / 2005
한국건축의 장 / 주남철 / 일지사 /1998
한국의 문과 창호 / 주남철 / 대원사 / 2001
한국의 민가 / 조성기 / 한울 / 2006
한국의 전통마을을 가다 1,2 / 한필원 / 북로드 / 2004
한옥 살림집을 짓다 / 김도경 / 현암사 / 2004
한옥에 살어리랏다 / 문화재청 / 돌베게 / 2007
한옥의 공간 문화 / 한옥공간연구회 / 교문사 / 2004
한옥의 구성요소 / 조전환 / 주택문화사 / 2008
한옥의 재발견 / 박명덕 / 주택문화사 / 2002

| 감사의 글 |

-

이 책은 (주)LS시스템창호, 경민산업, 고려한옥주식회사, 그린홈플랜, 금진목재(주), (주)나노 카보나, (주)대동요업, 마인스톤, 산림조합중앙회, 삼화페인트공업(주), 송인목재, 씨앤비(주), 아스카목조주택, (주)우드플러스, 주식회사 이연, 이조흙건축, 좋은집좋은나무, 캐나다우드 한국사무소, (주)코텍, 태영무역주식회사, 태원목재(주)의 도움으로 제작되었습니다.

-

저희 한문화사는, 앞으로도 한옥 건축과 한옥 주거문화의 지속적인 발전을 위해 좋은 책으로써 의사전달의 중심에 서도록 꾸준히 노력하겠습니다. 그동안 제작에 협조해 주신 모든 분께 진심으로 감사드립니다.